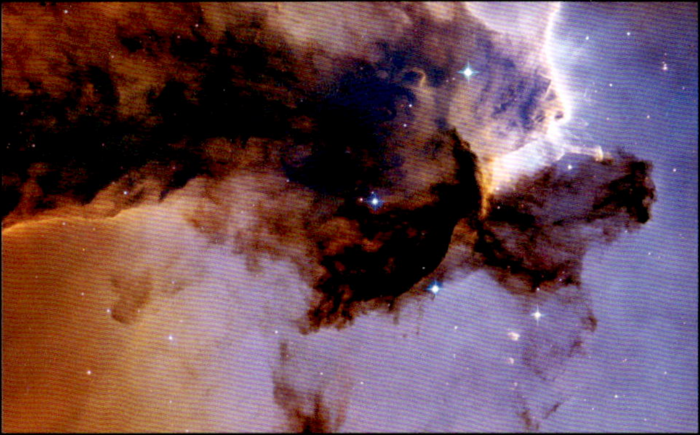

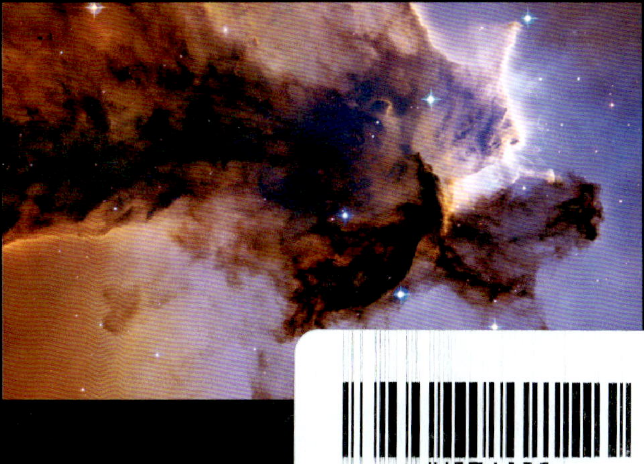

伊中 明 著

本書の使い方

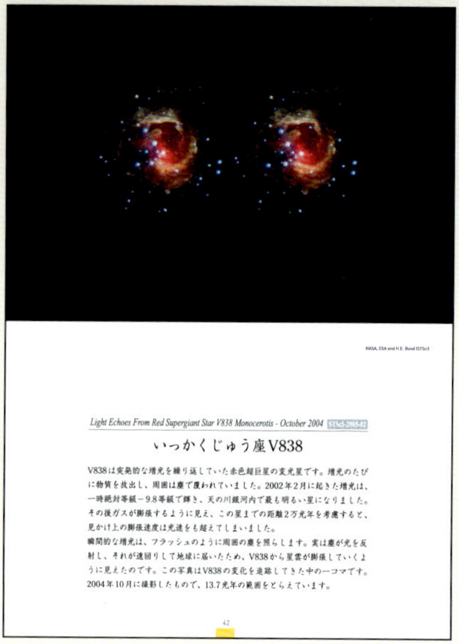

立体写真を鑑賞するときは、本書を90度左に回転させて、左図のように上下の方向に置いて使用してください。上のページに立体写真、下のページに天体の解説があります。

本書の立体写真について

人間は左右の目でものを見て、立体感や距離感を脳で判断します。この左右の視差（目幅）を利用して、異なる角度から2台のカメラで撮影し、立体感を表したのが通常の立体写真です。
ところが天体写真の場合は、地球からでは視差がでません。本書掲載写真は、ハッブル宇宙望遠鏡の撮影した1枚の天体写真から、画像処理により左右それぞれの写真を制作したものです。

ご注意

長時間、とくに平行法での立体視は、目や頭に違和感や痛みを覚える場合があります。万一、そのような場合には、すみやかに立体視を中止してください。
また、レンズで絶対に太陽を見ないでください。

●立体写真の見方

本書では、裸眼立体視が不得意なかたでも簡単に立体視ができるように、表紙に特製3Dメガネを添付してあります。目とレンズの位置、レンズと紙面の位置を調整してご鑑賞ください。また、本書掲載写真は、レンズを使わない裸眼立体視（平行法）でも鑑賞可能です。立体視の得意不得意は個人によって差がありますが、練習すればだんだんと見えるようになります。巻頭ページのわし星雲写真を例に、立体写真の見方を説明しておきましょう。

① 表紙を写真に対して直角に立て、レンズがわし星雲写真の真上に来るように調整します。このとき、前方に光源をおいて写真面を明るくすると、より見やすくなります。メガネ・コンタクトレンズなどは、ご使用のままご覧ください。

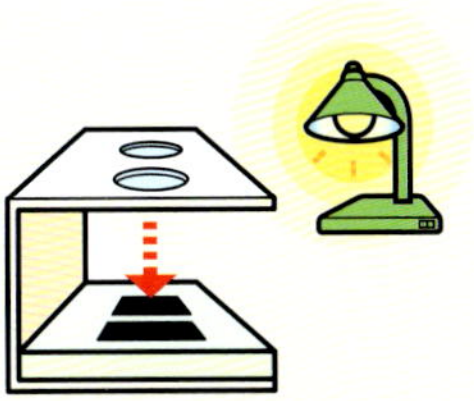

② 両目でレンズをのぞきます。わし星雲写真下にある左右の⊕マークが一つに重なるように、目の焦点を合わせていきます。⊕マークが一つに重なると、写真が立体に見えます。

それでも見えにくい場合は、

- 目をレンズから10cmくらい離し、そのままレンズにゆっくりと近づけていく
- 50cmくらい前方を見てから、そのままの焦点でレンズを通して写真を見る

などのやりかたを試してみてください。

巻頭ページの写真で何度か練習したら、本文の写真をご鑑賞ください。本文中の写真には、⊕マークは付いていませんが、立体視

のコツをつかめばもう大丈夫です。それでも見えにくい場合は、比較的見やすい25ページ「三裂星雲（M20）中心部」などの写真で練習してから、ほかの写真をご鑑賞ください。きっと、すばらしい立体写真を楽しむことができることでしょう。

●写真の立体感

写真の立体感は、天体の特徴を考慮しながら著者が創作したもので、天体の立体構造を正確に表現したものでもなければ、遠近感を定量的に描写したものでもありません。なお、天の川銀河外の天体写真の場合、天の川銀河外の天体と天の川銀河中の星とを同じ土俵で立体表現することは、現実の立体感とあまりにかけ離れてしまうため、後者（と思われるもの）に対しては紙面の手前に飛び出て見えるように表現しました。

また、いくつかの立体写真についてはその一部をクローズアップしました。その際、対象が天の川銀河外にある場合は、天の川銀河中にある星を消去した拡大写真に加工し直しました。これは、ちょうど天の川銀河の外に飛び出て見たイメージになります。

●解説ページについて

・おもにHubble site（http://hubblesite.org/）の解説を参考にし、著者による感想や解釈を付け加えました。

・STScI(Space Telescope Science Institute）によるリリース番号（STScI）と、HEIC(The Hubble European Space Agency Information Centre）によるリリース番号（heicまたはpotw）を掲載しました。より詳細、正確かつ客観的な解説は、両サイトでご覧いただけます。

・オリジナル写真の著作権者を表示しました。

新装改訂版によせて

Introduction

自分で撮影した天体写真を3Dに加工していた私が、その素材をハッブル宇宙望遠鏡（HST）の写真に変更したのは2001年1月でした。

「こんなに素晴らしい天体写真を3Dで見たら、いったいどんな光景が広がるんだろう？　ぜひ見てみたい！」

当時この欲望を満足させるには、私自身がそれを実現するしかありませんでした。

初版が出たのは、そのコレクションが100点を超えた2006年です。あれから11年、人類は重力波を検出し、生物がいそうな系外惑星まで発見しました。天文学は当時からは想像できないほど進歩したのです。HST以外の宇宙望遠鏡もたくさん稼働していて、さまざまな波長で観測し、過去の知見を書き換え、宇宙の謎を少しずつ解きあかしています。

「アッチャーっ！ あの本で書いた内容 …… 間違ってたな！」

そんな後ろめたさを感じていたとき、技術評論社からメールが届きました。

「あの本の改訂版出してみない？」

改訂版では、その後の観測により新たにわかった事実を反映させ、解説に追加や修正を加えました。また3D写真のいくつかは、380点以上に増えたコレクションの中から抜粋し、より美しいものに変更しました。

この天体3Dアートで宇宙空間を体験し、宇宙の神秘に触れ、宇宙や科学に興味を持ってくれる人が増えてくれれば、それだけで私は大満足です。

2017年　冬

伊中《いなか》　明《あきら》

もくじ

Contents

天の川銀河内の天体

10 NGC281のグロビュール
12 オリオン大星雲（M42、M43）
16 オメガ星雲（M17）中心部
18 干潟星雲（M8）中心部
20 わし星雲（M16）
22 カリーナ星雲（NGC3372）
24 三裂星雲（M20）中心部
26 ブーメラン星雲（ESO172-07）
28 キャッツアイ星雲（NGC6543）
30 アリ星雲（Menzel3）
32 砂時計星雲（MyCn18）
34 網状星雲（NGC6960）
36 ケプラーの星（SN1604）の残骸
38 かに星雲（M1）
40 M54
42 いっかくじゅう座V838

他銀河中の天体

46 大マゼラン雲中の星
48 タランチュラ星雲中心部（NGC2060）
50 N11A（IC2116）
52 N11
54 N44F
56 LMC-N63A
58 N132D
62 NGC346
66 Hubble-V
68 アンドロメダ大銀河（M31）のハロー
72 NGC604
74 NGC2403中の超新星（SN2004dj）

銀　河

80 ESO594-4
82 NGC300中心部
86 黒目銀河（M64）中心部
88 NGC4603
90 NGC3370
92 NGC1300
96 NGC1309
100 子持ち銀河（M51、NGC5195）
104 NGC1316（ろ座A）
106 電波銀河（ケンタウルス座A）中心部
108 NGC1427A
112 AM0644-741
114 I Zwicky 18
116 RDCS1252
118 ろ座の深宇宙
122 Hubble Ultra Deep Field

124 語句解説

STS-82 Crew, STScI, NASA

たて座にある大質量星団
NASA/JPL-Caltech, D. Figer (STScI/Rochester Institute of Technology), E. Churchwell (University of Wisconsin, Madison) and the GLIMPSE Legacy Team

天の川銀河内の天体

直径10万光年の棒渦巻銀河…このありふれた銀河も、その中にいる私達には美しい天の川として映ります。地球を飛びだし天の川銀河の中を散策してみましょう。天の川の近くでは、散光星雲や暗黒星雲がたくさん見えてきました。そこでは星が産声をあげ輝きだします。巨大なガス雲からは同時に星がたくさん誕生して、散開星団ができあがります。質量の大きい星ほど激しく、そして駆け足で一生を終えます。寿命を終えた星は、個性的な惑星状星雲を作ったり、フィラメント状の超新星残骸を残し、次世代の星の原料としてリサイクルされます。これらの星雲や残骸は、特徴的な形をしていることからいろいろな愛称で親しまれています。天の川銀河を取り囲むように、球状星団がたくさん分布しています。

Nearby Dust Clouds in the Milky Way STScI-2006-13

NGC281のグロビュール

カシオペヤ座にある散光星雲NGC281の中心部です。全体の大きさは100光年ほどあり、パックマンの形に似ています。写真上方の外には青色巨星でできた散開星団があり、そこからの強烈な紫外線で水素がイオン化し、それが赤く写っています。中央に見える黒い部分は、冷たい分子や塵でできた小型の暗黒星雲（グロビュール）です。このグロビュールは特に密度が高く、光をすべて遮断するほど真っ黒です。このような高密度のグロビュールを特にボックグロビュールと呼び、条件さえ整えばこの中で星が誕生すると考えられています。写真の横幅は6.5光年、地球からの距離は9500光年です。

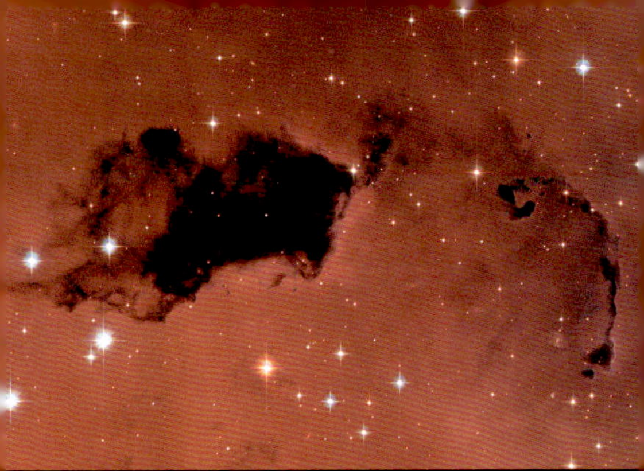

NASA, ESA, M. Robberto (STScI/ESA) and the Hubble Space Telescope Orion Treasury Project Team

Hubble Panoramic View of Orion Nebula Reveals Thousands of Stars **STScI-2006-01**

オリオン大星雲(M42、M43)

有名な三つ星の南約4°のところに、肉眼でもモヤッとした天体を確認できます。これがオリオン大星雲です。この写真は見かけの大きさで満月程度、角度で30'の範囲をとらえたもので、13光年四方に相当します。地球から1500光年のところにある非常に明るい散光星雲で、星の誕生の場としていろいろな角度から詳しく研究されています。ACSによるこの写真では数千個もの星が写っています。鳥が羽を広げたイメージは小型の望遠鏡でも確認でき、空の暗い場所で少し大きな望遠鏡を使えば美しい色彩も楽しめます。メシエ(M)カタログでは、くちばしの部分がM43、大きく広げた羽の部分がM42に分類されています。

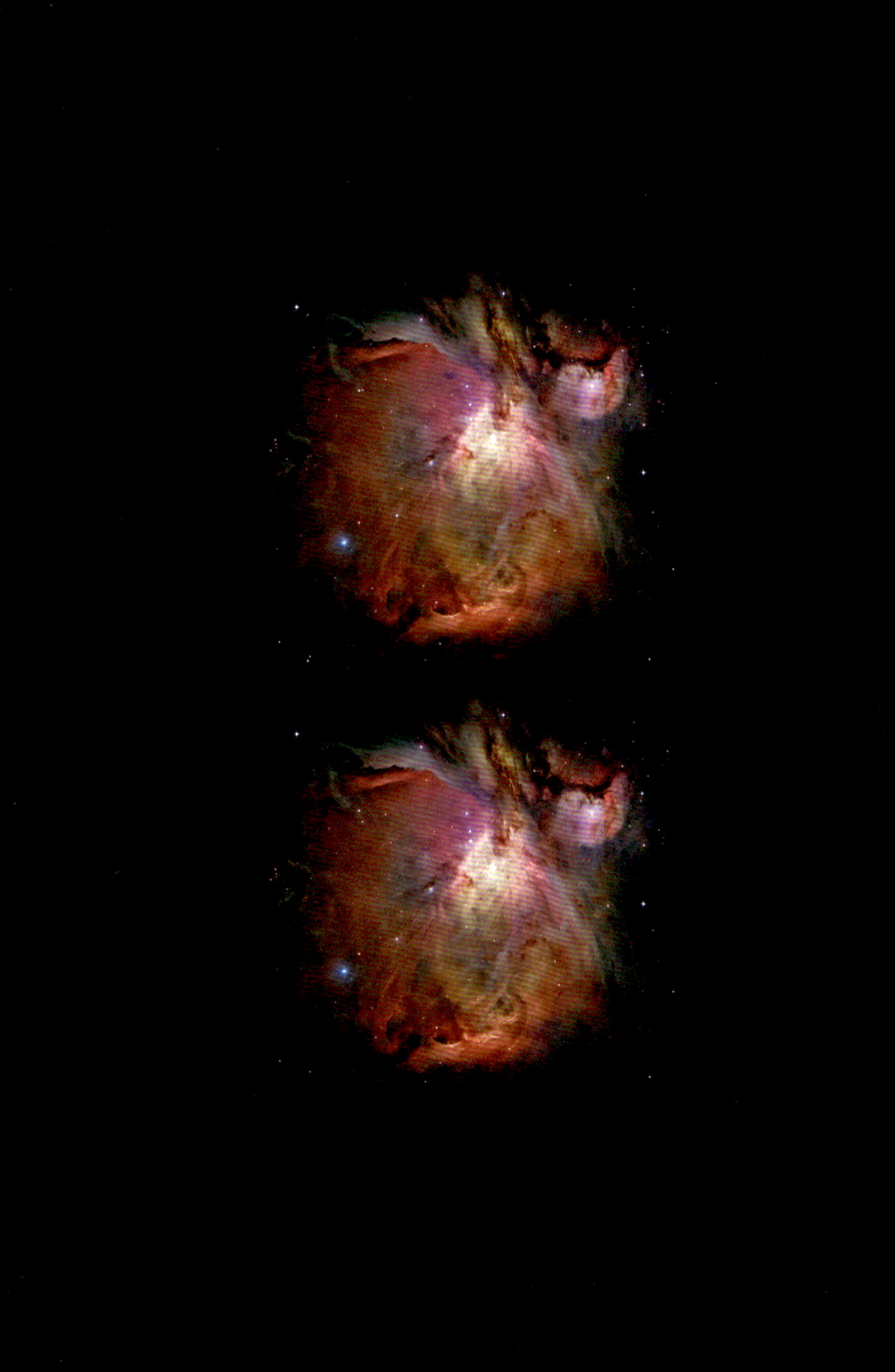

NASA, ESA, M. Robberto (STScI/ESA) and the Hubble Space Telescope Orion Treasury Project Team

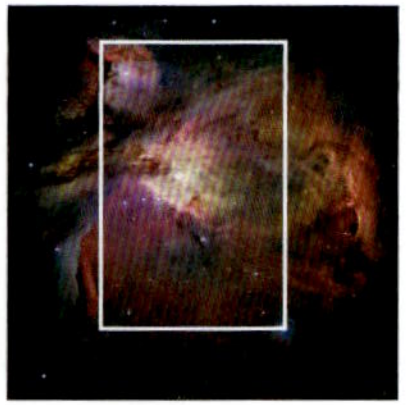

オリオン大星雲 拡大

中央やや左上の明るい部分に星が四つ台形に並んでいます。トラペジウムという名の若い大質量星で、この星から放射された強烈な紫外線により星雲が輝いています。またトラペジウムからの恒星風は、星雲の構造にいろいろな影響を与えています。
赤外線による観測からすでに星がたくさん誕生していることが明らかになっています。ところどころに浮かぶ暗黒星雲も、やがてイオン化して輝きだすのでしょう。遠い将来には、全天屈指の素晴らしい散開星団がきっとここに輝いていることでしょう。

ESA, NASA, and J. Hester (Arizona State University)

A perfect storm of turbulent gases heic0305

オメガ星雲（M17）中心部

いて座にある明るい散光星雲M17の中心部で、およそ3光年の範囲をとらえています。小型の望遠鏡でも美しい姿を楽しめる人気者で、全体の形がギリシャ文字のΩ《オメガ》に似ていることから、このような愛称で親しまれています。写真右上の外に大質量星があり、そこからの強烈な紫外線が、水素分子でできた暗黒星雲を徐々に浸食しイオン化しています。カラフルな色はそれぞれ異なる元素によるもので、硫黄、水素、酸素が、それぞれ赤、緑、青に相当しています。地球から5500光年のところにあります。

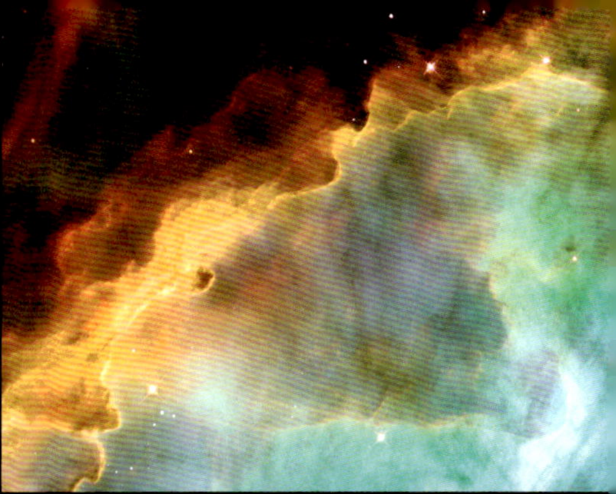

A. Caulet (ST-ECF, ESA) and NASA

Giant "Twisters" and Star Wisps in the Lagoon Nebula **STScI-1996-38**

干潟星雲（M8）中心部

地球から約5000光年、いて座にある大型で明るい散光星雲M8の中心部です。星雲を横切る暗黒帯が干潟に似ていることから、この愛称で親しまれています。星雲内部には誕生したての若い散開星団NGC6530を抱えています。
写真中央やや左上に赤く写っている星はハーシェル36といいます。生まれたばかりの青色巨星で、この星の左やや離れたところから約0.5光年の長さの竜巻状構造が二本、それぞれ左と左上に伸びています。冷たい暗黒星雲と高温の散光星雲が混在しているため、この星からの強烈な紫外線が引き金となって、星雲の中に乱流が発生したと考えられています。左下にはボックグロビュールが顔をだしています。

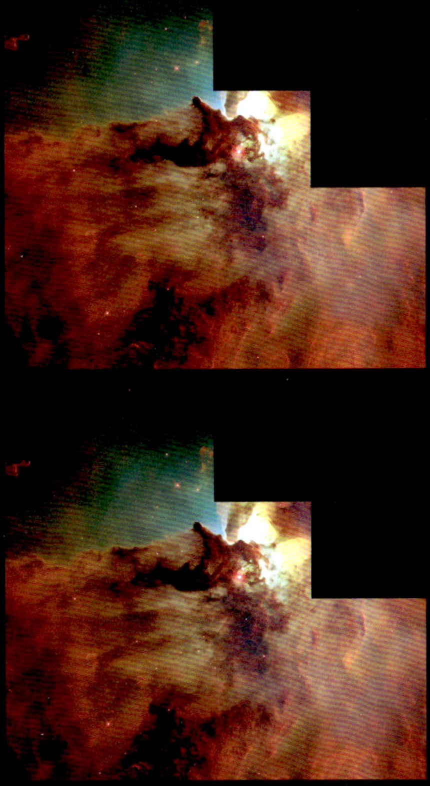

NASA, ESA, and The Hubble Heritage Team (STScI/AURA)

The Eagle Has Risen: Stellar Spire in the Eagle Nebula STScI-2005-12b

わし星雲(M16)

へび(尾)座にある散光星雲M16の一部です。星雲全体が鷲の形に似ていることから、この愛称で親しまれています。地球から6500光年のところにある星形成領域で、星雲内には若い散開星団を抱えています。
この写真は下に見える暗黒星雲の塊から立ちあがったピラー状分子雲をとらえたもので、この長さは9.5光年もあります。写真上方の外には生まれたばかりの大質量星があり、そこからの強烈な紫外線が分子雲を徐々に浸食しています。ピラー上部の表面はすでに輝きだしていて、冷たい分子がイオン化している様子がわかります。写真上部は青っぽく逆に下部は赤っぽくなっていますが、これはそれぞれ酸素、水素が豊富であることを示しています。

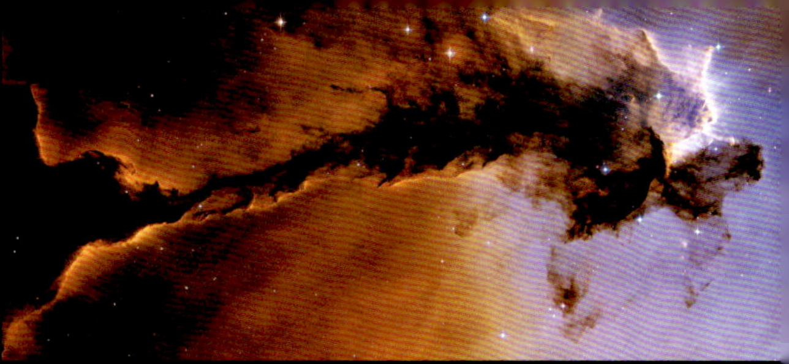

NASA, ESA, N. Smith (University of California, Berkeley), and The Hubble Heritage Team (STScI/AURA)

The Carina Nebula: Star Birth in the Extreme STScI-2007-16

カリーナ星雲(NGC3372)

地球から約8000光年、南天のりゅうこつ座にある非常に明るい散光星雲の中心部をとらえたものです。カリーナ星雲全体の大きさは200光年以上もあり、写真縦の長さは50光年に相当します。巨大な星形成領域で大質量星が誕生や爆発を繰り返しています。大質量星からの強烈な恒星風や紫外線、超新星爆発の衝撃波が星雲の形状に影響を与えています。グロビュールが神秘的な光景を演出し、星雲内には星の一生の素晴らしいサンプルが点在しています。写真中央上部では暗黒星雲がポッカリ空洞となり、その中心に雪だるま状の天体が見えています。これが天の川銀河内屈指の超巨大質量星りゅうこつ座η《エータ》です。星雲は今でも時速200万km以上の速度で膨張しています。

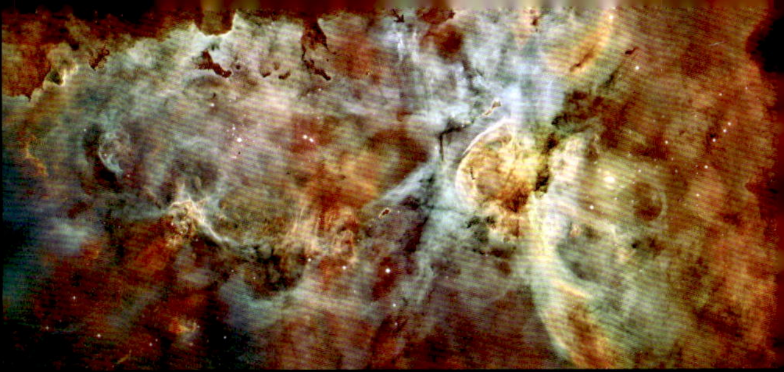

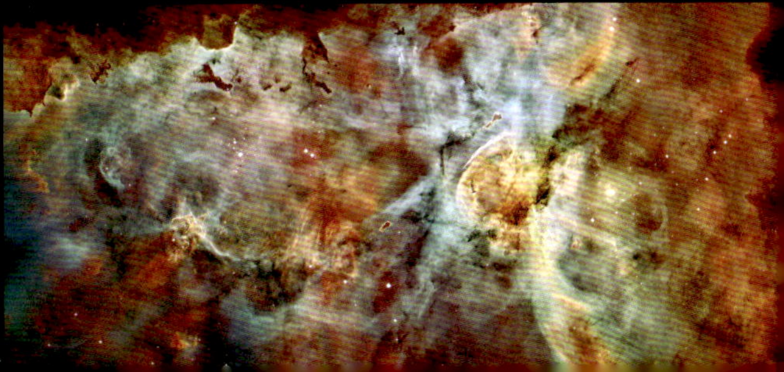

NASA, ESA, and The Hubble Heritage Team (STScI/AURA)

New Hubble Image Reveals Details in the Heart of the Trifid Nebula **STScI-2004-17**

三裂星雲（M20）中心部

いて座にある散光星雲で、星雲全体が暗黒帯三つで引き裂かれたような形をしているため、このような別名で呼ばれています。この写真は星雲の中心をクローズアップしたもので、縦の長さは10.2光年に相当します。中央に輝く星からの強烈な紫外線により暗黒星雲の表面は徐々に揮発し、その形状は変化していきます。中央やや下に見える青色のフィラメントは、暗黒星雲表面から蒸発した酸素によるものです。中央の星左下すぐそばには、原始惑星系円盤が確認されています。この星でできた惑星から見た夜空は、いったいどのような光景になるのでしょう？　M20までの距離については諸説あり、ハッブルでは9000光年としていますが、現在では5200光年とするのが一般的なようです。

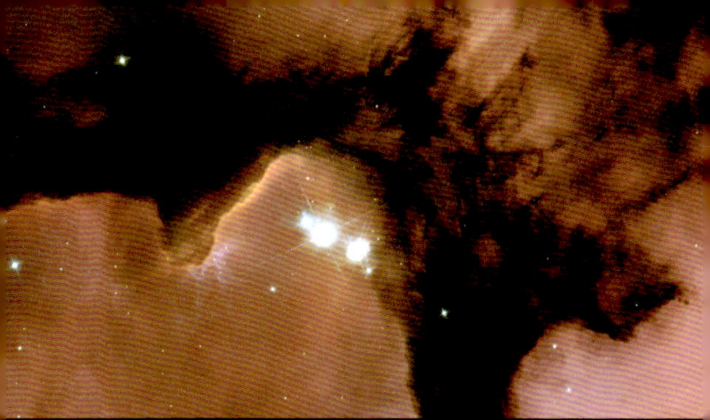

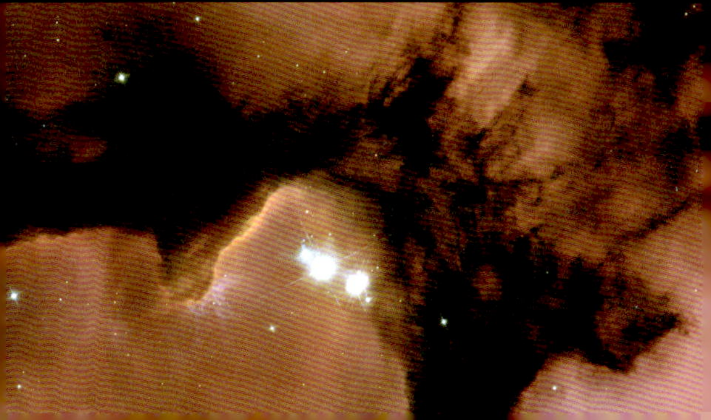

NASA, ESA, R. Sahai and J. Trauger (Jet Propulsion Laboratory) and the WFPC2 Science Team

The Boomerang Nebula STScI-2005-25

ブーメラン星雲（ESO172-07）

ケンタウルス座にある興味深い星雲です。ブーメランと言うより蝶ネクタイに近い形ですね。中心にある死にゆく星が塵やガスを放出しています。すでに太陽質量の1.5倍もの物質を放出したと考えられています。惑星状星雲の一歩手前の状態で、原始惑星状星雲に分類されています。放出されたガスが星の光を反射して輝いていて、蛍光を放つ一般の惑星状星雲とは異なります。ガスの噴出速度は時速約60万kmにも達し、これは通常の惑星状星雲の数十倍もの速さです。急激な膨張速度が原因で、この天体は宇宙で最も冷たい場所になっています。その温度は実に－272度！ 絶対零度からわずか1度高いだけなのです。地球からの距離は5000光年、星雲の大きさは約1.3光年です。

NASA, ESA, HEIC, and The Hubble Heritage Team (STScI/AURA)

Dying Star Creates Fantasy-like Sculpture of Gas and Dust STScI-2004-27

キャッツアイ星雲(NGC6543)

りゅう座にある3000光年彼方の惑星状星雲で、その中心部1.2光年をとらえたものです。太陽程度の質量の星は、最後に赤色巨星となったのち、表面の物質を徐々に宇宙空間に拡散していきます。星はその中心部だけを残し、高温の表面からは紫外線が放出され、拡散した物質は蛍光を発して輝きます。
周囲の同心円状リングは、寿命末期に約1500年間隔で物質を放出した痕跡です。中心部の複雑な構造は、強烈な恒星風と放出された物質とがぶつかりあった結果でしょうか？ ここからはX線が放射されています。元の星の質量は太陽の5倍もあり、惑星状星雲を形成する最大級の質量であったため、その激しい環境がこのような構造形成の要因だったのかもしれませんね。

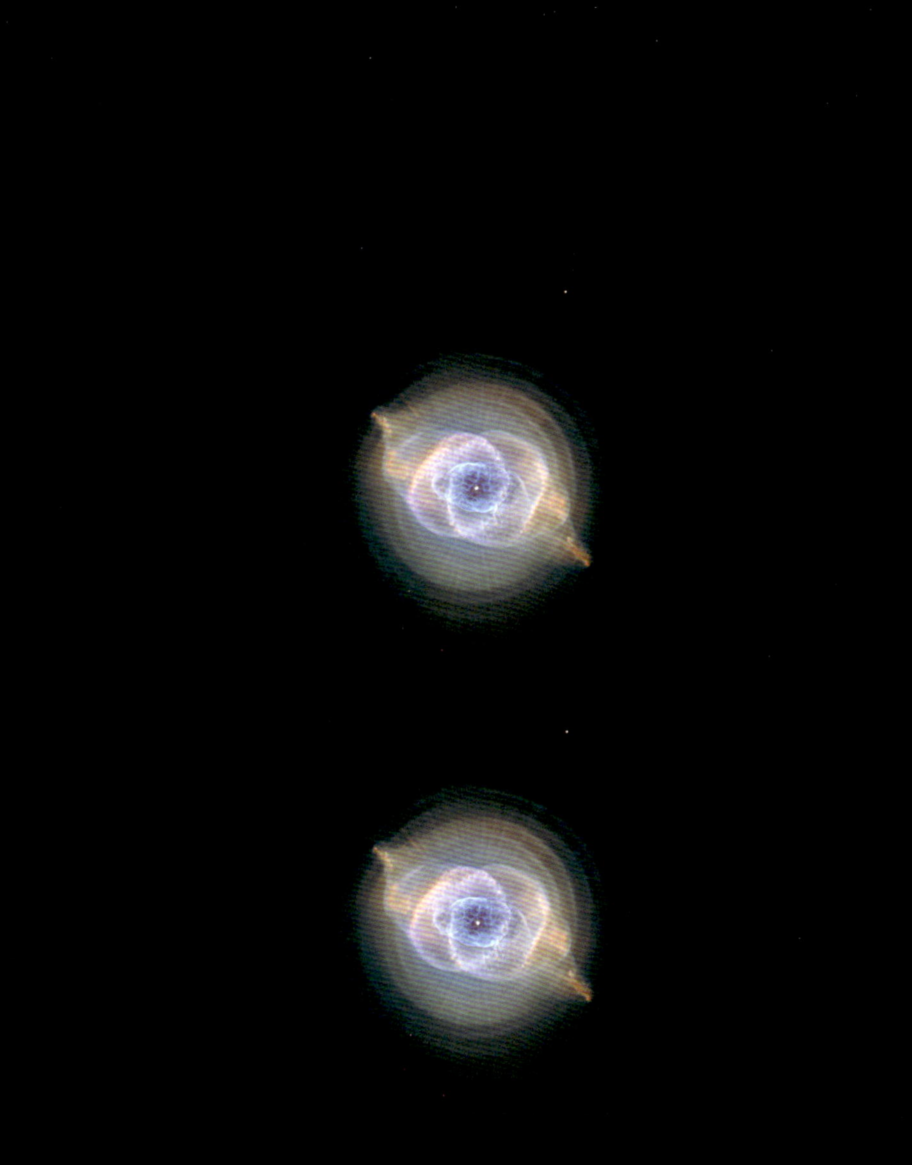

NASA, ESA and The Hubble Heritage Team (STScI/AURA)

Astro-Entomology? Ant-like Space Structure Previews Death of Our Sun **STScI-2001-05**

アリ星雲（Menzel3）

南天のじょうぎ座にある惑星状星雲です。惑星状星雲はユニークな形をしたものが多く、その形状が愛称に反映されていますが、アリ星雲ほど説得力のあるものは他にないでしょう。普通の惑星状星雲では、ガスは中心星から等方的に放出されます。ところがアリ星雲の場合は、両極から放出されたためこのような形になりました。その理由は二つ考えられています。一つは、中心星が連星になっていて伴星の重力が影響したというもので、もう一つは、中心星の磁場がガスの放出方向を制限しているというものです。大きさは1.6光年、地球からの距離は3000光年です。

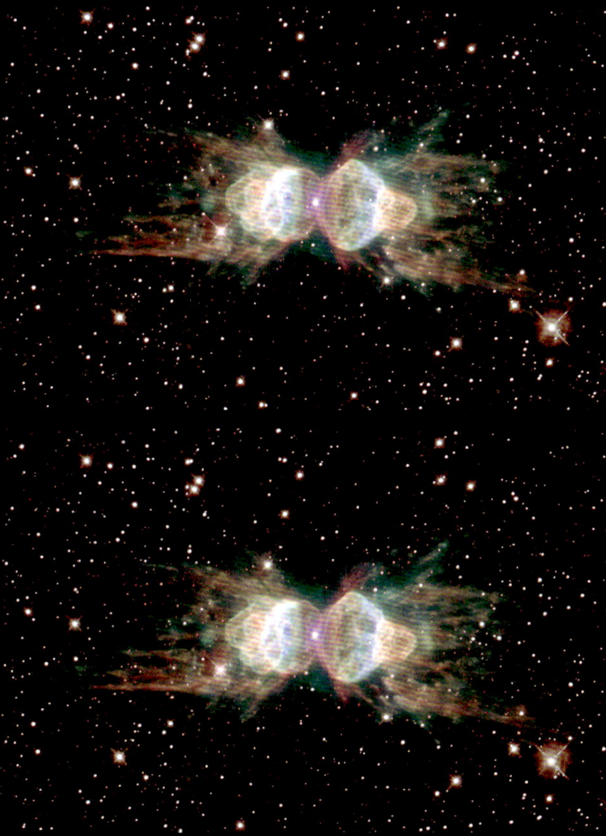

Raghvendra Sahai and John Trauger (JPL), the WFPC2 science team, and NASA

Hubble Finds an Hourglass Nebula around a Dying Star STScI-1996-07

砂時計星雲（MyCn18）

地球から8000光年、南天のはえ座に浮かぶ砂時計です。中心星がややずれた位置にあり興味をそそります。地上からの観測では惑星状星雲の詳細な構造を把握できませんでした。HSTの高解像度写真によって惑星状星雲の研究は急速に進展し、星の死のさまざまな状況がわかりつつあります。最近では、惑星状星雲の立体構造についても研究されています。

惑星状星雲の研究は、太陽の将来を予想するのに役立ちます。およそ50億年後に訪れる太陽の死は、いったいどのようなものになるのでしょうか？　窒素、水素、酸素がそれぞれ赤、緑、青に相当しています。

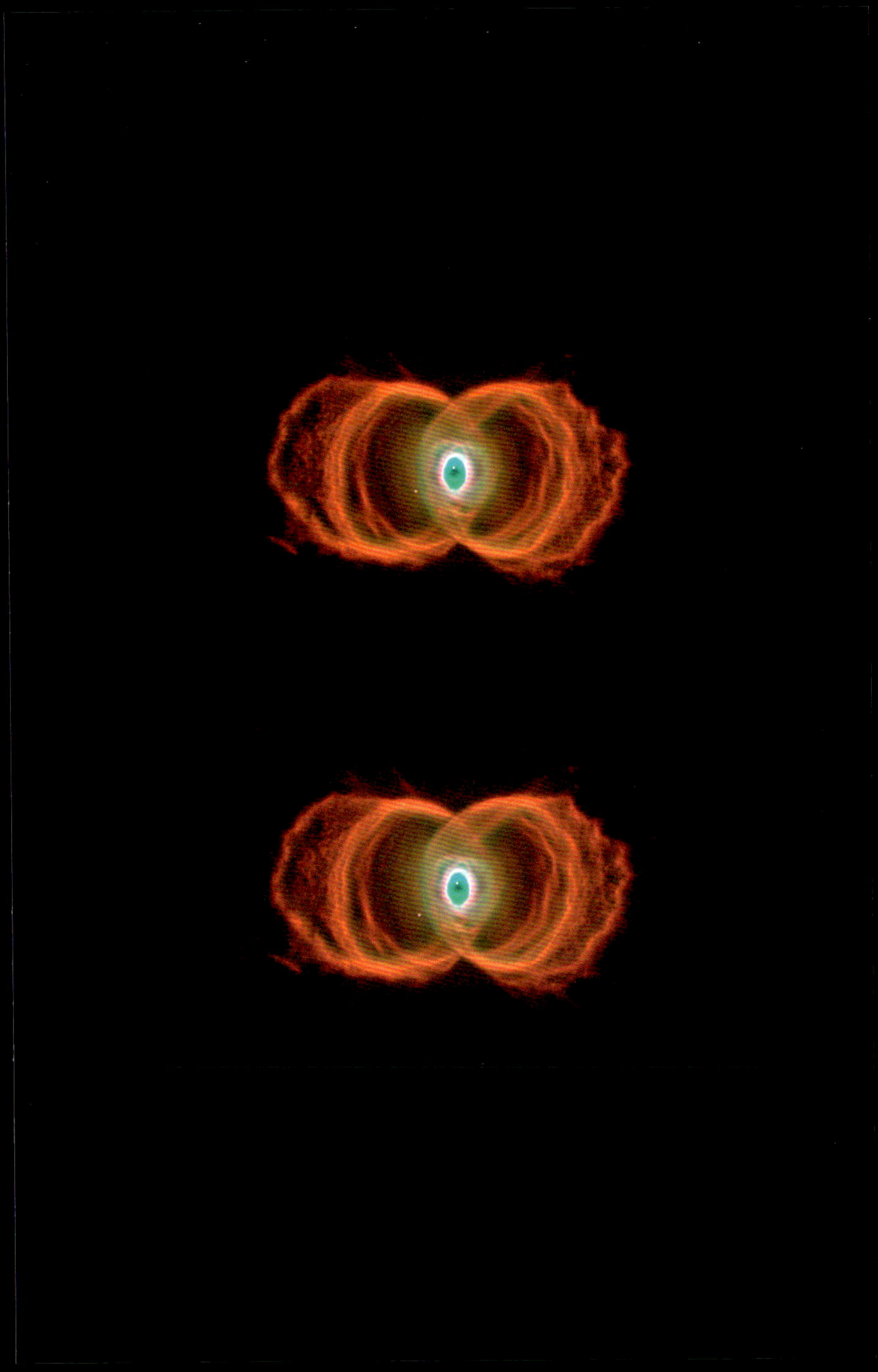

Uncovering the Veil Nebula **STScI-2007-30**

網状星雲（NGC6960）

はくちょう座にある非常に美しい超新星残骸の一部です。残骸全体は（　）の形をしていて、はくちょう座ループ（Cygnus Loop）と呼ばれています。その大きさは3°四方もあり、空の暗い場所では双眼鏡でも確認できます。
太陽質量の8倍以上ある星は、壮絶な超新星爆発によってその一生を終えます。その衝撃波はとてつもなく大きな速度で星間物質と衝突します。そのとき飛散した物質との混合物が超高温に加熱され、その後の冷却によって超新星残骸として見えるのです。Cygnus Loopを形成した超新星爆発は数千年前に起こり、当時は−8等級の明るさ（金星の明るさの約40倍）で輝いたと推定されています。地球から1500光年のところにあります。

NASA, ESA, and The Hubble Heritage Team (STScI/AURA)

Shock Wave in Kepler's Supernova Remnant STScI-2004-29c

ケプラーの星（SN1604）の残骸

1604年10月9日、へびつかい座の一角で非常に明るい星が発見されました。超新星ケプラーの星で、－3等級まで明るくなりました。現在そこには超新星残骸があり、時速600万kmの速度で膨張を続けています。

超新星のメカニズムは大きく分けて二つあります。大質量星の核が崩壊し大爆発するもの（おもにII型）と、白色矮星と赤色巨星の近接連星が大爆発するもの（おもにIa型）です。ケプラーの星の残骸は、赤外線やX線などさまざまな波長で観測されていて、現在その爆発メカニズムはIa型だったと考えられています。赤は水素、ピンクと白は酸素、黄色は窒素が豊富であることを示しています。地球から13000光年、写真は11光年の範囲をとらえています。

NASA, ESA, J. Hester and A. Loll (Arizona State University)

A Giant Hubble Mosaic of the Crab Nebula STScI-2005-37

かに星雲（M1）

1054年、おうし座に突如－6等級の輝星が出現しました。藤原定家の明月記の中にもこのことは記載されていて、それによると出現後数週間は日中でも見えていたそうです。これは太陽の10倍もある大質量星が大爆発したII型超新星で、現在そこには超新星残骸のかに星雲が輝きます。星は爆発後中性子星となって、1秒間に30回転もの高速で自転しています。この高速自転によって磁力線は激しく変化し、周囲の電子を攪乱して星雲を青白く輝かせています。カラフルな色は星雲中にいろいろな元素があることを示しています。地球から6500光年のところにあり、写真は12光年の範囲をとらえています。

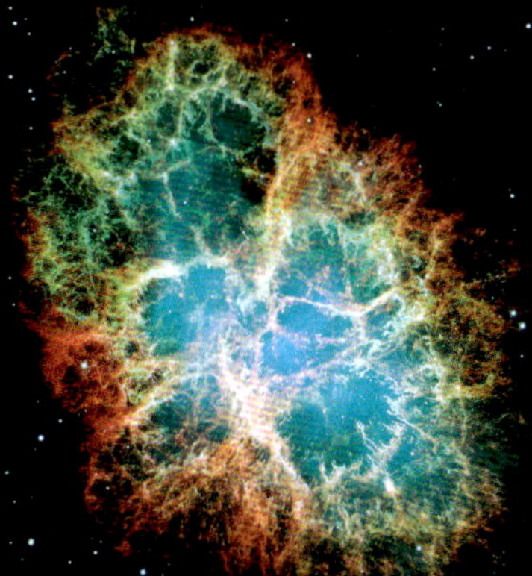

ESA/Hubble & NASA

First globular cluster outside the Milky Way potw1145a

M54

いて座にある球状星団です。球状星団とは数十万個もの星が密集し、お互いの強い重力のため球状になった天体で、銀河の周囲に広く分布しています。一般に各々の星の質量は小さく、宇宙誕生初期にできた星で構成されています。

ω《オメガ》星団、M22やM13、NGC104やNGC6752など大型の球状星団を空の暗い場所で、少し大きな望遠鏡を使って見た光景は、一生記憶に残る素晴らしいものです。それに対しM54は暗くて小さく、全く見ばえがしません。それもそのはず、M54は私達の天の川銀河ではなく、いて座矮小楕円銀河に属する球状星団で9万光年の遠方にあるのです。そんなM54もHSTの目で見るとご覧のとおり。まさに息をのむ美しさです。写真は89光年の範囲をとらえています。

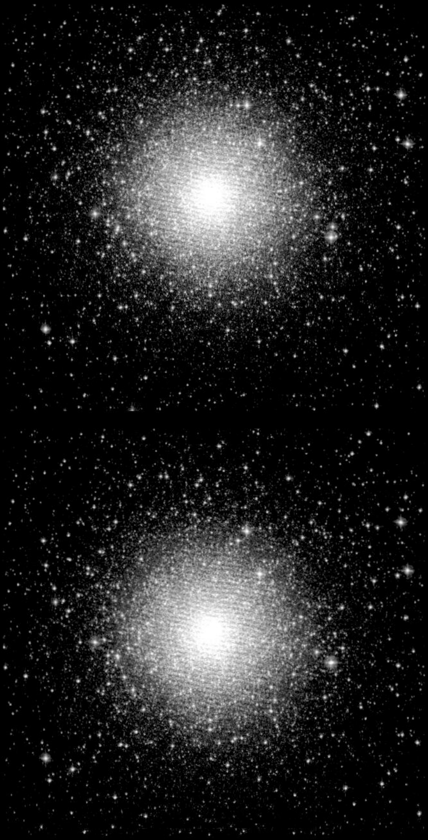

NASA, ESA and H.E. Bond (STScI)

Light Echoes From Red Supergiant Star V838 Monocerotis - October 2004 STScI-2005-02

いっかくじゅう座V838

V838は突発的な増光を繰り返していた赤色超巨星の変光星です。増光のたびに物質を放出し、周囲は塵で覆われていました。2002年2月に起きた増光は、一時絶対等級−9.8等級で輝き、天の川銀河内で最も明るい星になりました。その後ガスが膨張するように見え、この星までの距離2万光年を考慮すると、見かけ上の膨張速度は光速をも超えてしまいました。

瞬間的な増光は、フラッシュのように周囲の塵を照らします。実は塵が光を反射し、それが遠回りして地球に届いたため、V838から星雲が膨張していくように見えたのです。この写真はV838の変化を追跡してきた中の一コマです。2004年10月に撮影したもので、13.7光年の範囲をとらえています。

小マゼラン雲中の巨大星形成領域 NGC346
NASA, ESA, and A. Nota (STScI/ESA)

他銀河中の天体

天の川銀河の外へ飛びでてみましょう。目の前には大小マゼラン雲が広がります。天の川銀河の近くを通過したためか、水素の豊富だった矮小銀河が突如目覚め、大質量星が爆発的に誕生しています。巨大な星形成領域が作りだすさまざまな構造は、天の川銀河にはないものです。超新星爆発も頻繁に起こっているのでしょう。いろいろな形の超新星残骸が点在しています。

銀河を詳しく観察することは天の川銀河を知ることにつながります。HSTの強力な視力は、さらに遠方の銀河の星一つひとつを分解してくれます。天の川銀河では滅多にお目にかかれない超新星も、たくさんの銀河に目を向ければ時々出現し、大質量星の最期の姿をライブで見せてくれるのです。

NASA and The Hubble Heritage Team (STScI)

Hubble Telescope Reveals Swarm of Glittering Stars in Nearby Galaxy **STScI-1999-44**

大マゼラン雲中の星

私達の天の川銀河のすぐ近くにある大マゼラン雲の星々です。大マゼラン雲の長径は満月の約21倍もあり、南半球の夜空では一目でそれとわかります。北半球の天文ファンにとって憧れの天体であるだけでなく、宇宙誕生初期の矮小銀河のサンプルとして、天文学的にも非常に興味深い対象です。

この写真は約130光年の範囲をとらえたもので、1万個以上の星が写っています。最も明るい星でも16等級、最も暗い星は26等級です。16.8万光年離れたこの銀河にもし太陽があったなら、23等級のかすかな星になってしまいます。写真上方の外にはタランチュラ星雲があり、見えているガス雲もその周辺の一部です。

NASA, ESA

Hubble snaps close-up of the Tarantula heic1105

タランチュラ星雲中心部(NGC2060)

タランチュラ星雲(NGC2070)の中心部で、特にNGC2060に分類されている領域です。大マゼラン雲には、巨大な星形成領域がいくつかあります。タランチュラ星雲はその中でも最大で、実に1000光年もの大きさを誇り、これは天の川銀河が属する局所銀河群の中でも最大級です。もしオリオン大星雲と同じ距離にあれば、昼間でも見える明るさで、空の1/4を覆っていることでしょう。写真は約160光年の範囲をとらえたもので、暗黒星雲と共にフィラメント状の星雲が見えています。これは超新星残骸で、星雲内で超新星爆発を経験してきたことを示しています。超巨大質量星を含む散開星団R136は、写真の上部やや左約200光年のところにあって、巨大なタランチュラ星雲を輝かせています。

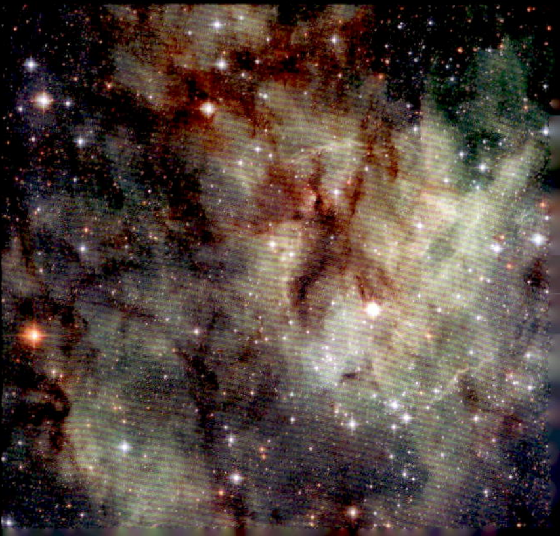

European Space Agency & Mohammad Heydari-Malayeri (Observatoire de Paris, France)

A rose blooming in space **heic0210a**

N11A (IC2116)

大マゼラン雲の北西隅にある明るい散光星雲N11の一部です。N11はタランチュラ星雲に次ぐ大きな星形成領域です。N11の中心には大質量の散開星団があり、強烈な恒星風が星雲全体に圧力を加え、直径1000光年もの巨大なバブル構造を作っています。圧縮された星雲のところどころで、星がたくさん誕生しています。N11Aはその中の一つで、誕生したばかりの大質量星が放射する強烈な紫外線により、直径約25光年の星雲が非常に明るく輝いています。まるで大マゼラン雲にバラが咲いているような光景ですね。

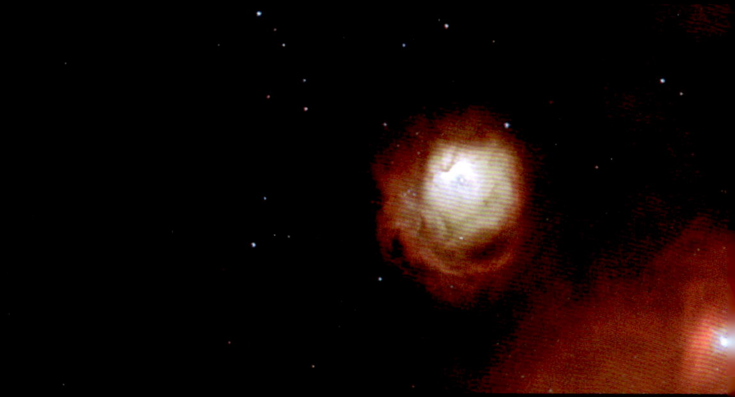

NASA, ESA and Jesús Maíz Apellániz (Instituto de Astrofísica de Andalucía, Spain)

Hubble captures bubbles and baby stars heic1011

N11

N11の中心部で、その中で最も明るく輝いている領域約300光年の範囲をとらえたものです。星雲の形状が豆に似ていることからビーン星雲とも呼ばれています。写真では散開星団がいくつか認められます。左やや下に見える明るい散開星団が、巨大なN11のほぼ中央に位置していて、ここを中心にN11が巨大なバブル構造を形成しています。おそらく大質量星による強烈な恒星風や超新星による爆風が、数百光年もの範囲に影響を与えているのでしょう。恒星風や爆風は星雲中のガスを圧縮し、そこからまた大質量星などの新しい星が誕生します。この連鎖反応によって、巨大な星形成領域では次々と新しい星が誕生するのです。N11Aが右上隅で半分だけ顔を覗かせてます。

NASA, ESA, Y. Nazé (University of Liège, Belgium) and Y.-H. Chu (University of Illinois, Urbana)

Hubble Peers Inside a Celestial Geode STScI-2004-26

N44F

N44星雲もN11星雲と同じように直径1000光年ものバブル構造を作っています。N44Fは巨大なN44の縁の一部分に過ぎません。大質量星からは激しい恒星風や強烈な紫外線が放射されます。これは星周辺のガスを吹き飛ばしたり星雲を変形させたりするパワーになります。左上に見える黄色い星雲の中には巨大質量星があり、ここからは時速700万kmもの速度で粒子が放出されています。その質量は太陽風の1億倍にも達し、直径35光年もの巨大なバブル構造を作りました。バブルの内壁には、わし星雲にあったようなピラー構造もいくつか見えています。

大マゼラン雲には、このような巨大星形成領域がたくさんあるのです。

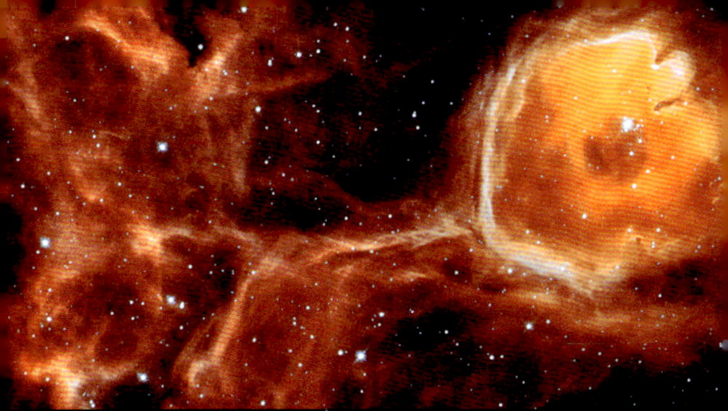
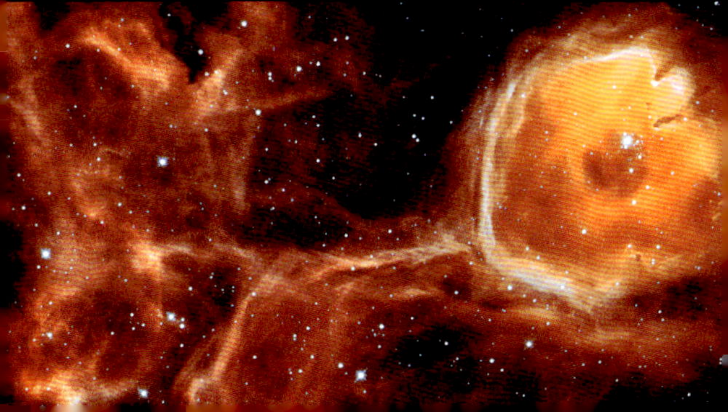

NASA, ESA, HEIC, and The Hubble Heritage Team (STScI/AURA)

Supernova Remnant Menagerie STScI-2005-15

LMC-N63A

大マゼラン雲中の星形成領域N63の中央で、太陽の50倍以上ある超巨大質量星が大爆発しました。強烈な恒星風が物質のほとんどを吹き飛ばしていた空洞の中心で爆発が起きたわけです。猛烈な衝撃波は減速することなく凄い速度で広がることでしょう。さて、高密度な塵とガスできていたため空洞内に残っていた塊に、この猛烈な衝撃波が襲いかかったらどうなるでしょうか？

超新星残骸LMC-N63Aはユニークです。密度の高い星間物質が猛烈な衝撃波にさらされると、その塊は破壊され粉々になり、特に高密度な部分だけが残るようです。残った塊からはやがて新しい星が誕生するのでしょう。写真の縦の長さは68光年に相当します。

NASA, ESA, and The Hubble Heritage Team (STScI/AURA)

NASA Space Observatories Glimpse Faint Afterglow of Nearby Stellar Explosion STScI-2005-30

N132D

大マゼラン雲中にある無数の星に浮かぶ超新星残骸の姿です。縦の長さは148光年に相当します。約3000年前に太陽の十数倍もある大質量星が爆発し一生を終えました。爆発による衝撃波により、飛び散った噴出物が冷たい星間物質とぶつかり、それが高温になって発光しています。衝撃波の速度は時速700万kmにも達し、馬蹄形をした星雲の先端の温度は1000万度にもなっています。このため、誕生間もない超新星残骸からは強烈なX線が放出されるのです。

NASA, ESA, and The Hubble Heritage Team (STScI/AURA)

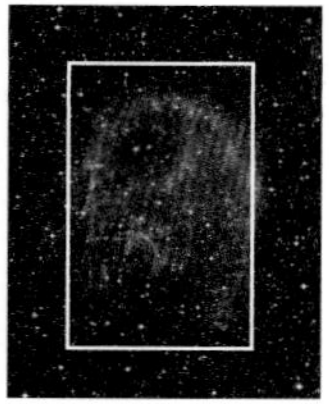

N132D 拡大

N132Dのような超新星残骸は、宇宙空間や大質量星内部で生成した元素の組成を知る手がかりを与えてくれます。この写真では水素がピンク、酸素が紫に相当していて、大質量星内部で酸素が作られていたことがわかります。これらの元素は、超新星爆発によって宇宙空間に拡散し、将来恒星や惑星、もしかしたら私達のような生物を作る原料に使われるのかもしれません。
N132Dの写真は、チャンドラX線天文衛星とHSTとのコラボレーションにより作られたものです。X線による観測データを青色として合成されています。

NASA, ESA and A. Nota (STScI)

Hubble Finds Infant Stars in Neighboring Galaxy STScI-2005-04

NGC346

小マゼラン雲も天の川銀河に寄り添う伴銀河で、地球から21万光年のところにあります。長径は満月の約9倍もあり、南半球の夜空では大マゼラン雲と共によく目立ちます。
NGC346は小マゼラン雲中最も大きな星形成領域で、この写真は280光年の範囲をとらえています。青色に見えるガス雲は水素でできています。巨大な散開星団からの強烈な恒星風によって、周辺のガス星雲は吹き飛ばされたり複雑な形に変形したりしています。圧縮されたガスからは、新たに散開星団も誕生しています。ところどころにある暗黒星雲は、強烈な恒星風や紫外線にも耐えて残っている高密度な分子雲です。

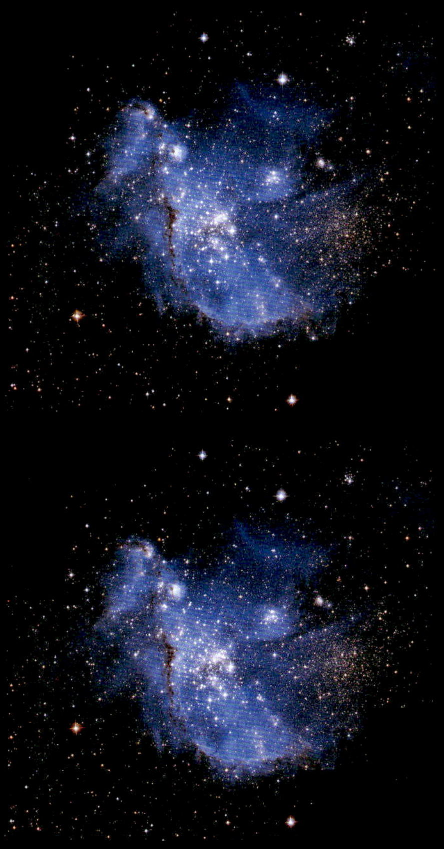

NASA, ESA and A. Nota (STScI)

NGC346 拡大

この写真には、大質量星周辺の劇的環境変化の様子だけでなく、わずか500万歳の若い星から45億歳もの中年の星、そして核融合反応前で星形成途中段階にある胎児まで確認できています。ところどころに青白いフィラメント状の星雲も見えます。中心部約100光年の範囲は800万度の高温になっていることがX線による観測からわかっていて、これはおそらく超新星残骸なのでしょう。小マゼラン雲の元素組成は水素とヘリウムが極端に多く、宇宙誕生初期に存在していた矮小銀河の元素組成に近いと考えられています。小マゼラン雲を研究することは、星や銀河そして宇宙がどのように進化したかを探る手がかりになるのです。

A Giant Star Factory in Neighboring Galaxy NGC 6822 **STScI-2001-39**

Hubble-V

いて座にあるNGC6822銀河中の巨大な星形成領域です。星雲の大きさは200光年もあり、ちょうどカリーナ星雲と同程度です。星雲中では太陽の20倍以上もある大質量星が数十個生まれ、各々の星は太陽の10万倍以上の明るさで輝いています。地上からの観測では一つひとつの星を分解することは困難ですが、地球大気の妨害を受けないHSTでは、紫外光によるシャープなイメージを得られます。その結果、これらの星は400万年前に一斉に誕生したということもわかりました。

NGC6822は局所銀河群の一員で、バーナード銀河という別名でも呼ばれています。地球からわずか163万光年のところにあります。

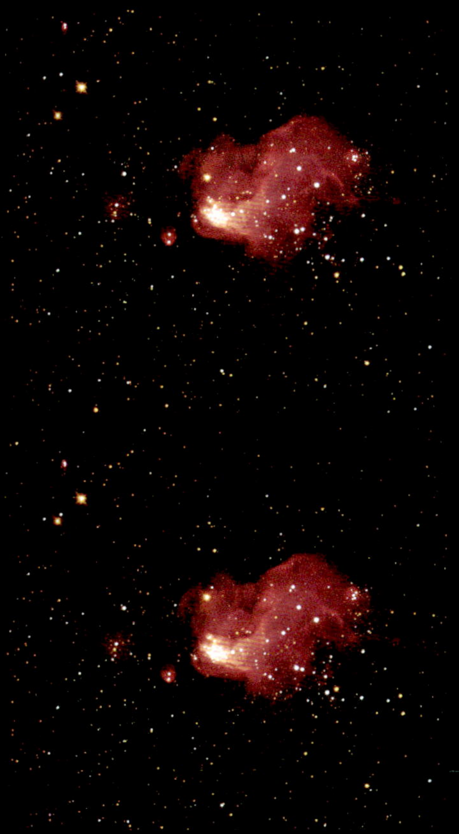

NASA, ESA and T.M. Brown (STScI)

Deepest View of Space Yields Young Stars in Andromeda Halo STScI-2003-15

アンドロメダ大銀河（M31）のハロー

アンドロメダ大銀河は250万光年のところにある局所銀河群最大の銀河です。長径は満月の5倍もあり、空の暗い場所では肉眼でもはっきりと確認できます。この写真は渦巻銀河を囲んでいるハローと呼ばれる広い球状の領域をとらえたものです。紙面の手前には天の川銀河内の星々、奥には遠方の銀河がたくさん見えます。その中間がハローの星々で、球状星団と共に微光星が30万個も写っています。HSTとACSの能力が充分発揮されていますね。
ハローには星や球状星団以外にも、ガスや未知の重力源ダークマターが存在し、その質量は銀河本体よりもはるかに巨大です。M31のハローの直径は200万光年もあるという報告もあります。縦の長さは2700光年に相当します。

NASA, ESA and T.M. Brown (STScI)

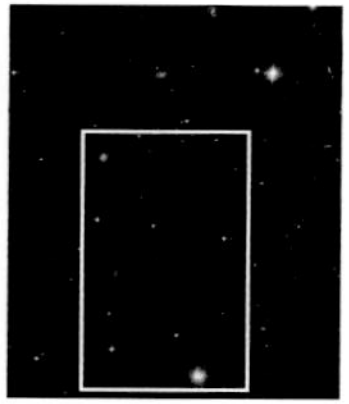

アンドロメダ大銀河のハロー 拡大

ハロー中の星がはっきり見えてきました。この観測からM31のハローの星は60億～130億歳であると判明しました。天の川銀河のハローは二層構造で、それぞれ回転方向や年齢、重元素含有比率まで異なることが最近わかりました。ハローの星は異なるプロセスで誕生した星の混合物だったわけです。
銀河は矮小銀河が衝突したり重力の影響を及ぼし合って成長すると考えられています。その過程で銀河周辺に残留した星が、ハロー構成要素の一つなのでしょう。一方、衝突によるスターバーストで誕生した無数の大質量星は、ほぼ同時に超新星爆発します。そのときの猛烈な爆風が銀河のガスや重元素を銀河外まで吹き飛ばし、それもまたハロー構成要素になっているのかもしれませんね。

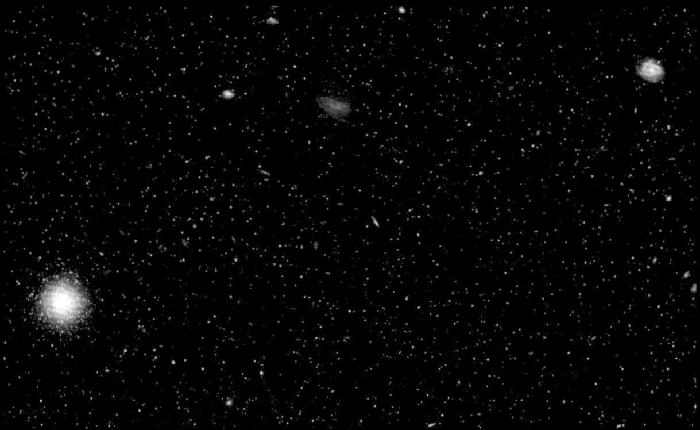

NASA and The Hubble Heritage Team (STScI/AURA)

Firestorm of Star Birth Seen in a Local Galaxy STScI-2003-30

NGC604

さんかく座のはるか彼方270万光年、M33銀河の中にある巨大な星形成領域です。1500光年もの大きさはタランチュラ星雲をしのぎ、局所銀河群の中でも最大級です。洞窟のようなガス雲の奥には、200個以上の青色巨星・超巨星が点在していて、その強烈な紫外線が水素をイオン化し輝かせてます。この星雲は約350万年前にできたと考えられていて、ごく短期間に爆発的に星の誕生するスターバースト銀河のミニチュア版として、格好の研究材料になっています。350万年前なら、この中で生まれた大質量はまだ超新星爆発してないのでしょうか？ おそらくあと1000万年ほど経つと、この巨大な星雲内で超新星爆発が連続して起こり、壮絶な光景が展開されるのでしょう。

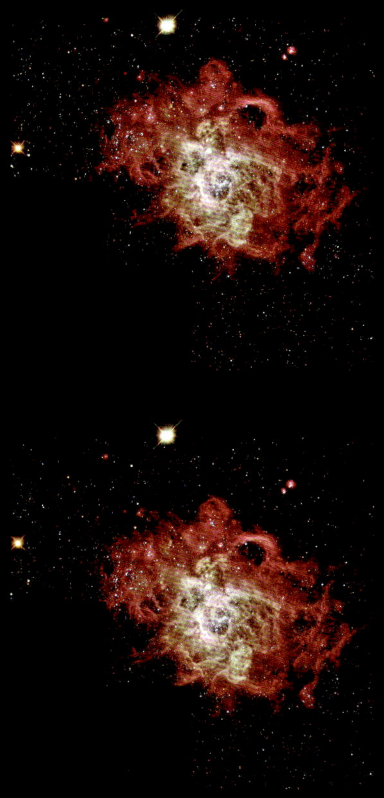

NASA, ESA, A.V. Filippenko (University of California, Berkeley), P. Challis (Harvard-Smithsonian Center for Astrophysics), et al.

A Bright Supernova in the Nearby Galaxy NGC 2403 STScI-2004-23

NGC2403中の超新星（SN2004dj）

きりん座の銀河NGC2403の中心部1万光年をとらえたものです。NGC2403は1100万光年と比較的近くにあり、双眼鏡でも見える銀河です。美しい渦巻構造で、大型の散光星雲や暗黒星雲がたくさん点在しています。このような星形成領域で誕生する大質量星の寿命は数千万年と非常に短く、NGC2403では過去2002年、1954年に超新星が出現しました。
そして2004年7月31日、山形県在住の板垣公一氏はNGC2403の中に11.2等級の星を発見しました。超新星2004djです。写真右上隅にある明るい星がそれです。

NASA, ESA, A.V. Filippenko (University of California, Berkeley), P. Challis (Harvard-Smithsonian Center for Astrophysics), et al.

NGC2403中の超新星 拡大

超新星2004djは、太陽の15倍の大質量星が1400万年の短い一生を終え大爆発したII型超新星と判明しました。この写真は8月17日に撮影されたものです。地球から比較的近距離にある銀河の中で出現した超新星のため、世界中の天文学者がこの超新星に注目しました。

日本には超新星の捜索を行っているアマチュア天文家がたくさんいます。発見が爆発直後であればあるほど貴重な情報を得られ、天文学の発展に貢献できるのです。きりん座は冬に天高く昇り、逆に夏は観測困難な季節となります。悪条件に負けず捜索を続けたアマチュア天文家の努力が、HSTのミラーをNGC2403に向けさせたのです。

おおぐま座の不規則銀河 M82
NASA, ESA, and The Hubble Heritage Team (STScI/AURA)

銀　河

天の川銀河から遠く離れ、銀河で満たされる全宇宙を眺めてみましょう。矮小銀河がたくさんある中、個性的な銀河がところどころに見えています。渦巻銀河、棒渦巻銀河、楕円銀河、不規則銀河、接近したり衝突している銀河も見えます。これら個性的な形は銀河同士の相互作用によりできたようです。はるか遠方では銀河が群れをなし銀河団を作っています。銀河のスペクトルを観測してみましょう。遠い銀河ほどスペクトル線が長波長側にシフトしています。遠い銀河ほど大きな速度で遠ざかっていて、宇宙はどうやら膨張しているようです。
「宇宙の始まりは？ そして未来は？」
永遠に正解のわからないこの問題に、小さな地球上で人類は挑み続けるのです。

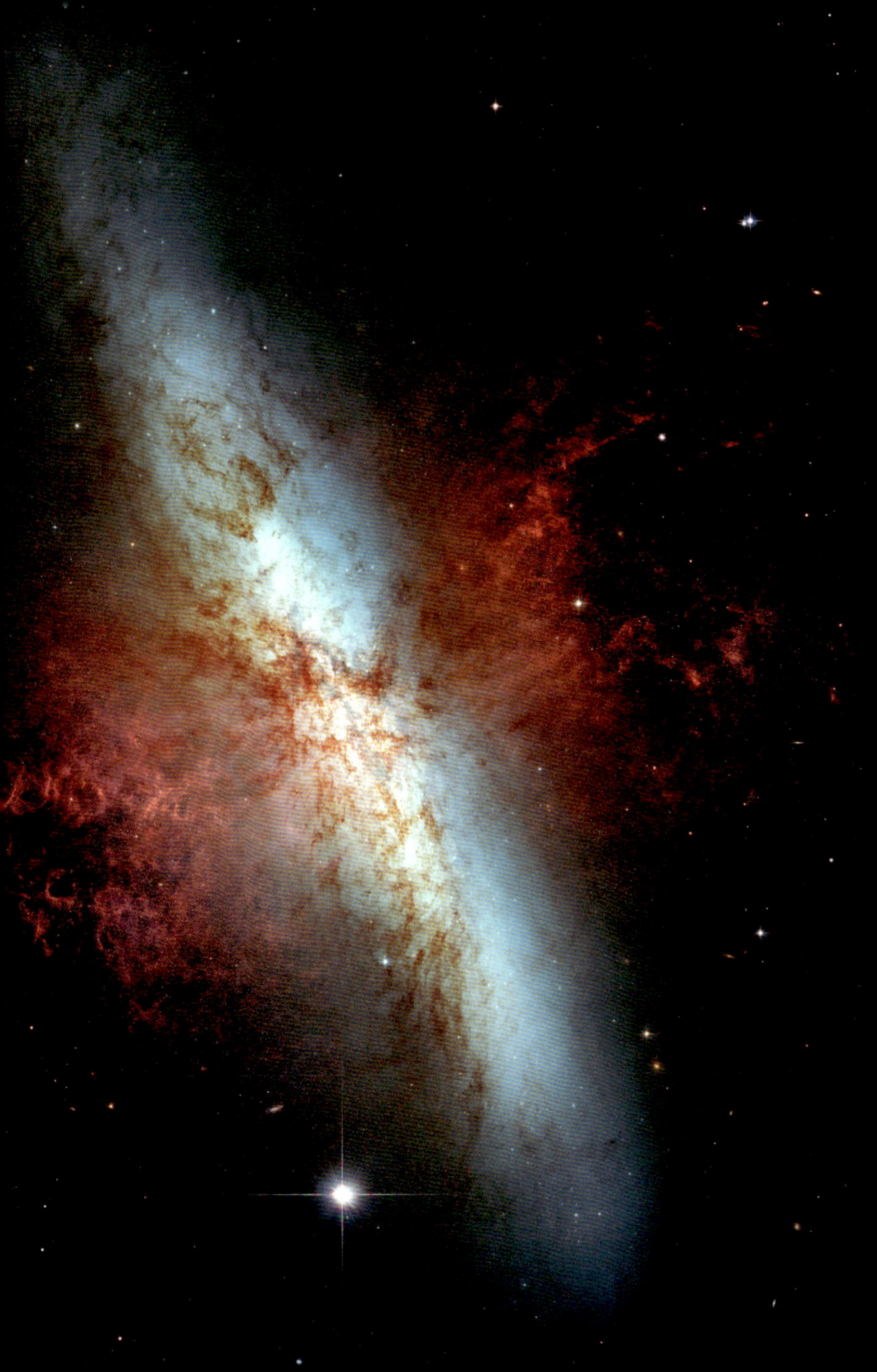

NASA, ESA, and The Hubble Heritage Team (STScI/AURA)

Sagittarius Dwarf Galaxy **STScI-2004-31b**

ESO594-4

地球からわずか350万光年、局所銀河群に属するいて座の矮小銀河です。写真手前に飛びでて見えるのは天の川銀河内の星です。その奥に青白い星が無数に集まっています。これがESO594-4銀河です。

普通の銀河では何度も超新星爆発が繰り返され、時間が経つにつれしだいに重元素が増えていきます。ところがESO594-4中の重元素比率は非常に小さく、たいへん興味深い対象になっています。星一つひとつを分解できるHSTの高解像度写真によって、今後この矮小銀河についての研究が進み、銀河や宇宙の成長過程がより明らかになることでしょう。写真の縦の長さは3100光年に相当します。

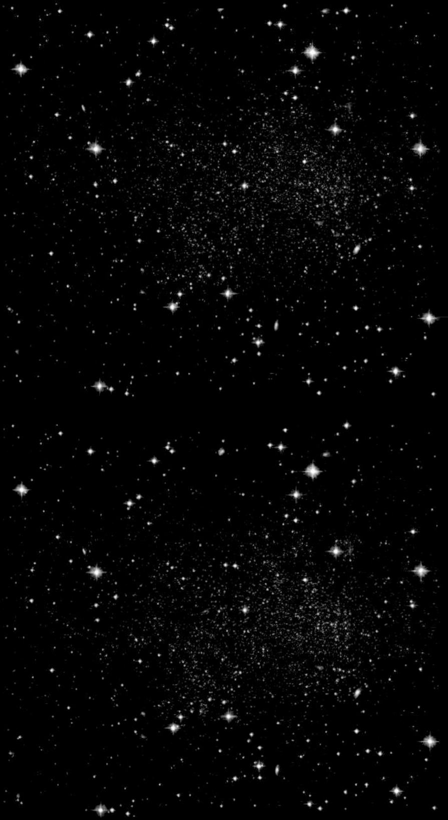

Myriad of Stars in Spiral Galaxy NGC 300 STScI-2004-13a

NGC300中心部

地球から650万光年、ちょうこくしつ座にある大型銀河の中心部です。ちょうこくしつ座付近には大きく明るい銀河がいくつかあり、天の川銀河やアンドロメダ大銀河が作る局所銀河群と同様な銀河群を形成しています。いくら近距離にあるとはいえ、HST以外ではこの写真のように銀河中の星一つひとつを分解できません。

NGC300には中心部の膨らみ(バルジと言います)が認められません。渦巻銀河にもいろいろな形態があり、バルジの大きさによってSaタイプからSdタイプに分類されています。NGC300はバルジのない渦巻銀河でSdタイプに属します。縦の長さは7500光年に相当します。

NASA, ESA, and The Hubble Heritage Team (AURA/STScI)

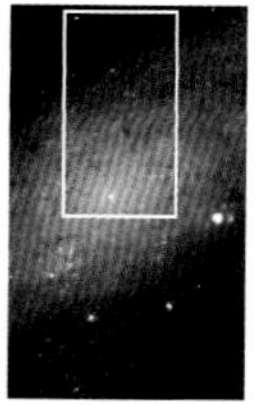

NGC300 拡大

まるで砂をまいたような光景です。暗黒星雲が点在しているにもかかわらず、散光星雲は見あたりません。実は撮影時に使用したフィルターによって、散光星雲の写りやすさに相違があるのです。NGC300にも散光星雲が点在しているのですが、この写真ではその表現に適したフィルターが用いられていません。最近、青色超巨星の絶対光度とその特性とに相関関係のあることがわかりつつあります。この関係を利用して、銀河までの距離を見積る研究が進められているようです。HSTとACSの高性能が生みだした、新しい「ものさし」になるのかもしれませんね。

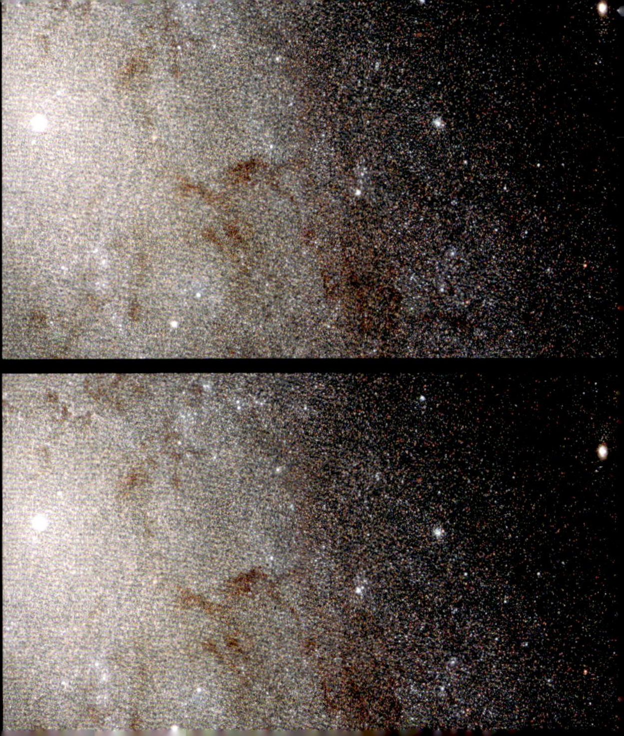

NASA and The Hubble Heritage Team (STScI/AURA)

An Abrasive Collision Gives One Galaxy a "Black Eye" STScI-2004-04

黒目銀河(M64)中心部

かみのけ座にある明るい銀河M64の中心部約7400光年をとらえたものです。小型の望遠鏡でも楽しめる銀河の一つで、特徴的な暗黒帯があることから黒目銀河の愛称で親しまれています。光を遮るダスト雲のあちこちでは散光星雲が輝き、明るい星も誕生しています。

M64外周部は中心部と逆方向に回転していることが確認されています。かつて存在していた伴銀河が10億年以上前に主銀河と衝突したことがその原因と考えられています。中心部と外周部の境界付近でガスが圧縮され、散光星雲や明るい星が誕生しているのでしょう。地球からの距離は1700万光年です。

Jeffrey Newman (Univ. of California at Berkeley) and NASA

Hubble Completes Eight-Year Effort to Measure Expanding Universe STScI-1999-19

NGC4603

HSTの目的の一つは、ハッブル定数を測定し宇宙年齢を推定することでした。そのためには、遠方にある銀河の正確な距離を測定する必要があり、セファイドを精度高く観測できる「目」が必要だったのです。1億800万光年彼方にあるケンタウルス座の銀河NGC4603中のセファイド観測により、1999年に宇宙年齢は誤差10%で120億歳という結果が得られました。
しかしこの年齢はのちに書き換えられます。球状星団がもっと高齢だという結果と矛盾し、またIa型超新星の観測から宇宙の膨張が加速していることも確実になったからです。HSTがいったんだした120億歳という結果が、それまでの宇宙モデルに一石を投じたと言えるのかもしれません。

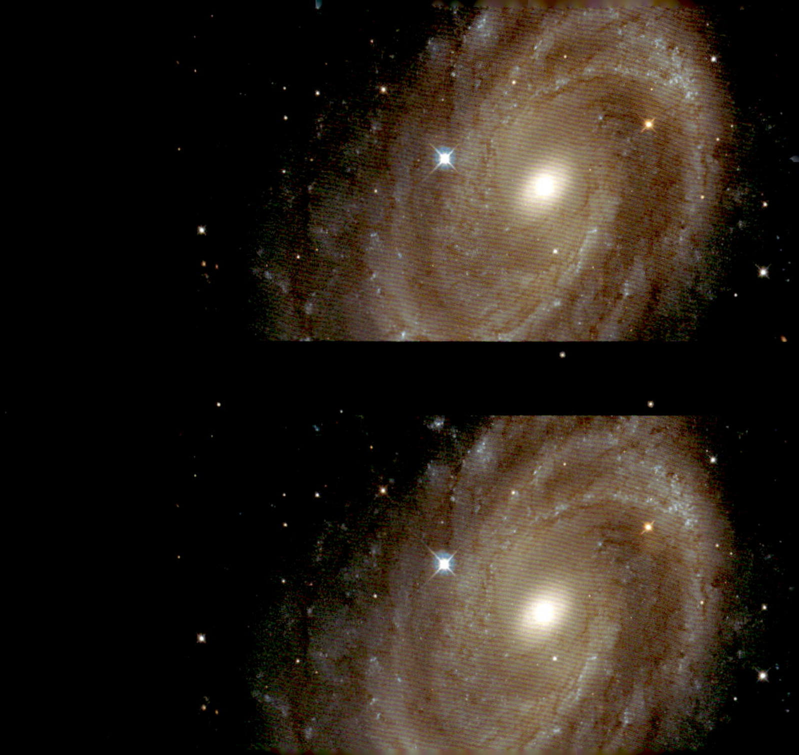

NASA, The Hubble Heritage Team and A.Riess (STScI)

Celestial Composition **STScI-2003-24**

NGC3370

しし座にある9800万光年彼方の12等級の銀河で、写真は9.5万光年の範囲をとらえています。ACSにより銀河の中の星一つひとつを分解した写真が得られ、この銀河にあるセファイドの精密な観測が行われました。その測定によって、1994年にこの銀河に出現したIa型超新星SN1994aeと地球との距離が判明しました。Ia型超新星は絶対光度がほとんど同じであると考えられています。つまり、セファイドの観測が困難な遠方の銀河でも、Ia型超新星が出現しさえすればその距離を見積もることができるのです。NGC3370中のセファイドの精密な観測から、人類は宇宙モデルを構築するために必要な「ものさし」の精度を向上させたわけです。

NASA, ESA, and The Hubble Heritage Team (STScI/AURA)

A Poster-Size Image of the Beautiful Barred Spiral Galaxy NGC 1300 STScI-2005-01

NGC1300

エリダヌス座にある非常に美しい棒渦巻銀河です。棒渦巻銀河とは、ハッブル博士が形態の特徴から分類した銀河のタイプの一つです。バルジを貫くような棒状構造があり、その両端から腕が伸びている渦巻銀河の総称です。渦巻銀河のおよそ半分は棒渦巻銀河に分類されています。力学的に安定した構造で、以前は円盤銀河から自然と棒渦巻銀河へ進化すると考えられていました。現在では銀河同士の衝突や接近による潮汐力によって、はるかに短時間で形成されることがシミュレーションにより判明しています。地球からの距離は6900万光年、縦の長さは11万光年に相当します。

NASA, ESA, and The Hubble Heritage Team (STScI/AURA)

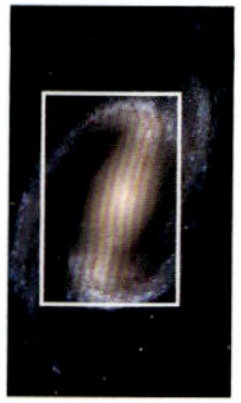

NGC1300 拡大

バルジと腕部に浮かぶダスト雲や、その周辺で大量に誕生する青色巨星と星団の様子がよくわかります。銀河の手前には球状星団がたくさん点在しています。腕や棒状構造を通してはるか彼方にある銀河も確認できます。
中心の核近辺では直径3300光年の見事な渦巻構造が認められます。この核に向かって棒状部分にあるダスト雲が流れ込んでいるように見えます。もしかしたら、核には巨大なブラックホールが潜んでいるのかもしれませんね。

NASA, ESA, The Hubble Heritage Team, (STScI/AURA) and A. Riess (STScI)

Hubble Snaps Images of a Pinwheel-Shaped Galaxy STScI-2006-07

NGC1309

NGC1300の4°北にあるエリダヌス座の渦巻銀河です。地球に対してほぼ正面を向いているため、まるで回転花火のような形に見えますね。約1億光年のところにあり、直径は約3万光年と天の川銀河の1/3程度しかありません。腕の部分には生まれたばかりの青白い星や散開星団そしてダスト雲が、中心部では年老いた黄色い星が集まっていて、渦巻銀河の教科書的な姿をしています。はるか彼方にある銀河が宇宙の奥行きを教えてくれます。

NASA, ESA, The Hubble Heritage Team, (STScI/AURA) and A. Riess (STScI)

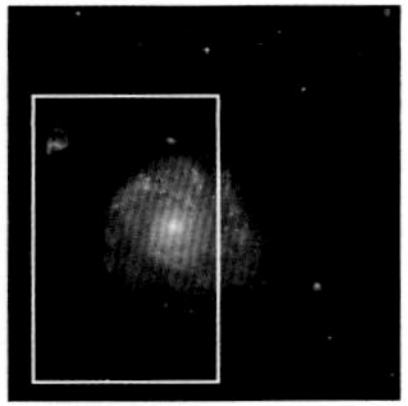

NGC1309 拡大

腕の構造や銀河周辺に点在する球状星団の様子がよくわかります。

2002年9月、NGC1309に超新星SN2002fkが出現しました。Ia型の超新星であることがわかり、正確な距離を求める必要が生じました。そこでHSTのACSをNGC1309に向け、NGC3370の場合と同様に銀河内のセファイドを精力的に観測し距離を求めました。宇宙の大きさを測定する精度の高い「ものさし」としてIa型超新星を利用できるようにしたのです。

Out of This Whirl: the Whirlpool Galaxy (M51) and Companion Galaxy STScI-2005-12a

子持ち銀河（M51、NGC5195）

りょうけん座にある春の代表的な銀河の一つで、小型の望遠鏡でも楽しめる人気者です。正面を向いた大きな渦巻銀河に小さな銀河が寄り添っているように見えるので、このような愛称で親しまれています。
M51の後方をNGC5195が通り過ぎ、その影響でM51内の星間物質が乱されて、星がたくさん誕生しています。M51では2005年、11年にII型超新星が出現しています。天の川銀河では百年～数百年に一度しか出現しないことと比較すれば、大質量星を活発に生みだしてきたことがわかります。中性子星やブラックホールと思われるX線源もたくさん見つかってます。地球から3100万光年（一説では2300万光年）のところにあり、縦の長さは8.7万光年です。

NASA, ESA, and The Hubble Heritage Team (STScI/AURA)

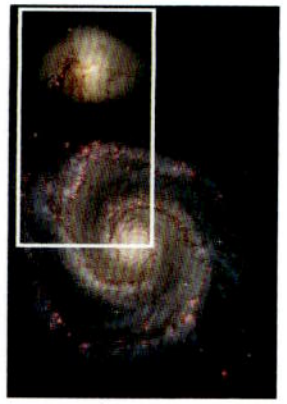

子持ち銀河 拡大

M51とNGC5195の境界部分です。地上の望遠鏡ではわかりにくいのですが、HSTではNGC5195が後方にあることが良くわかります。相互作用は数億年前から続いていたと推定されています。暗黒星雲のそばでは巨大な散光星雲がいたるところで輝き、爆発的に星が誕生しています。
銀河同士が接近し重力的な相互作用を持つと、このようなスターバースト現象が起こるのです。ただ、NGC5195ではスターバーストは起きていないように見えます。もしかしたらなんらかの影響でNGC5195には星の原料になる水素が少ないのかもしれませんね。M51の中心には超巨大ブラックホールがあると考えられています。

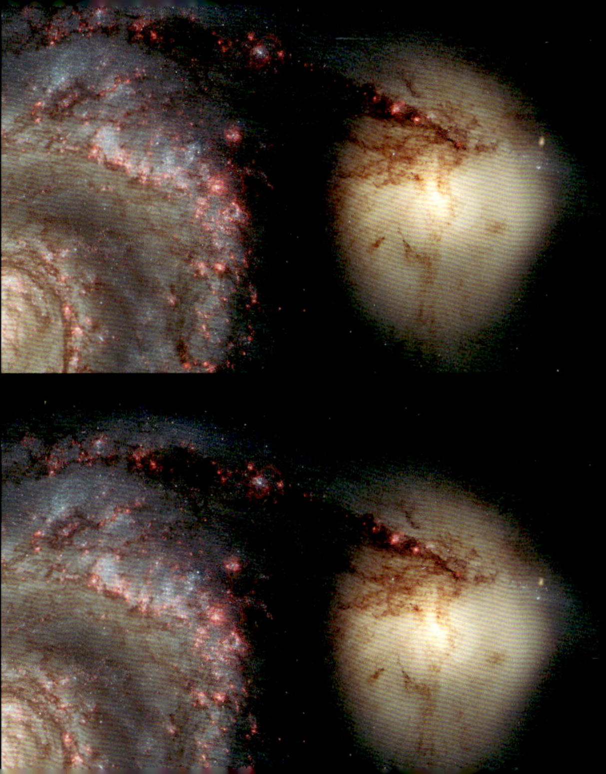

NASA, ESA, and The Hubble Heritage Team (STScI/AURA)

Hubble Spies Cosmic Dust Bunnies **STScI-2005-11**

NGC1316（ろ座A）

銀河の密集したところでは、銀河同士が衝突し合体することがあります。地球から6200万光年、ろ座銀河団にあるNGC1316銀河もその一つです。約30億年前に渦巻銀河が衝突し、現在その影響で強力なX線源（ろ座A）となっていて、中心には太陽質量の1億倍以上の超巨大ブラックホールが活動しています。銀河の中心部約6万光年の範囲をとらえたこの写真では、特徴的な暗黒帯が目を引きます。これは衝突した渦巻銀河の影響と考えられています。

ろ座銀河団で起こっていることは、私達の局所銀河群でも起ころうとしています。天の川銀河とアンドロメダ大銀河は急速に接近中で、40億年以内に衝突し最終的には合体すると考えられているのです。

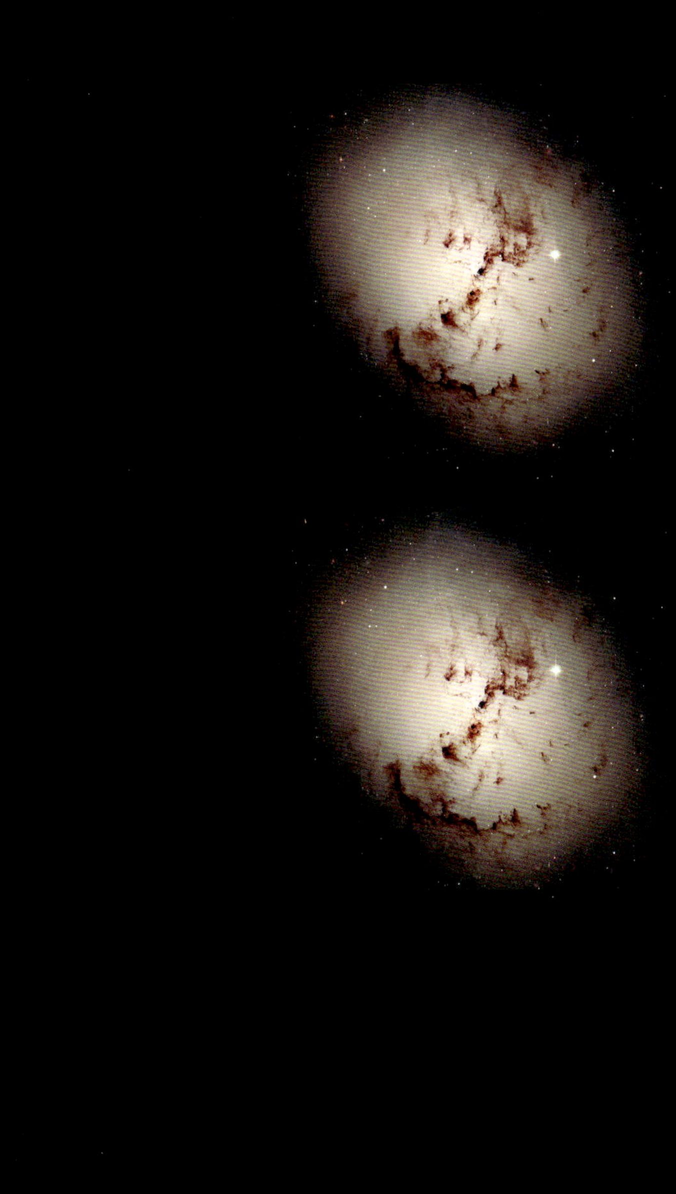

NASA, ESA, and the Hubble Heritage (STScI/AURA)-ESA/Hubble Collaboration

Firestorm of Star Birth in the Active Galaxy Centaurus A STScI-2011-18

電波銀河(ケンタウルス座A)中心部

ケンタウルス座にある7等級の明るい銀河です。写真は中心約8500光年をとらえたものです。ケンタウルス座Aまたは電波銀河と呼ばれ、小型の望遠鏡でも楽しめる楕円銀河です。そこでは今、壮絶な環境変化が起きています。小型の渦巻銀河が衝突し、それが吸収されスターバーストが起きているのです。地球からわずか1100万光年のところにあるため、電波銀河はその詳細を研究できる貴重な対象で、X線や赤外線など幅広い波長で観測されています。太陽質量の1千万倍もある超巨大ブラックホールが潜む中心から、長さ1万光年以上のジェットが放出している様子や、吸収した渦巻銀河の痕跡も発見されています。

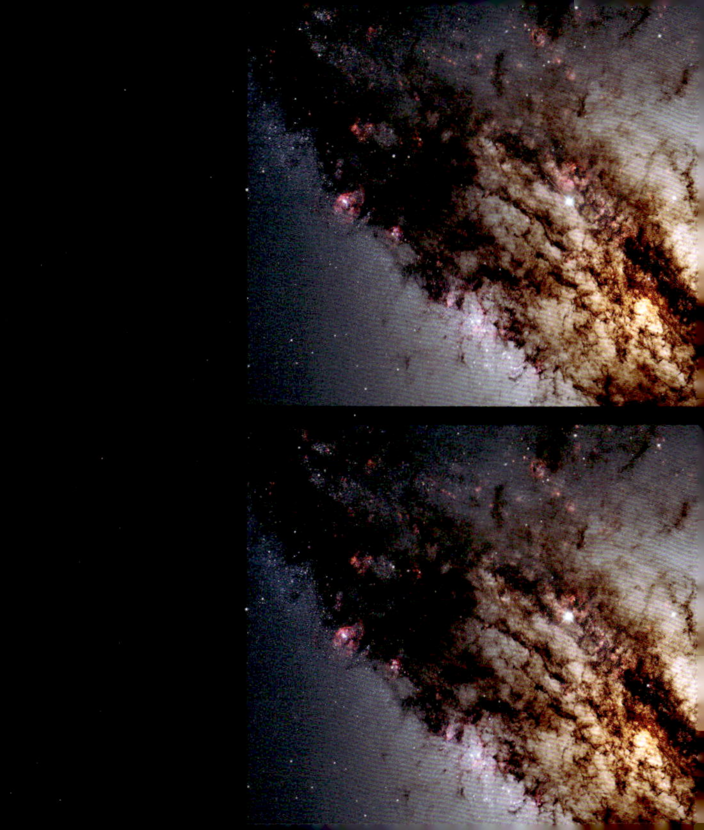

The Impending Destruction of NGC 1427A STScI-2005-09

NGC1427A

銀河の密集している銀河団の中では、銀河同士が互いに重力の影響を及ぼし合い、あるときは合体して巨大な銀河ができたり、逆に引きちぎられた部分からは矮小銀河ができたりしています。6200万光年のところにあるろ座銀河団もその一つです。小さな銀河NGC1427Aは、時速200万kmの猛スピードで左上方向にある銀河団中心部に引き寄せられています。元々の銀河の形は歪み、やがては崩壊してしまうのでしょう。
「がんばれっ！負けるなっ！」…私達がいっくら応援しても無駄なのです。NGC1427Aは物理の法則に沿った悲しい運命を受け入れるしかないのです。
写真の縦の長さは5.1万光年に相当します。

NASA, ESA, and The Hubble Heritage Team (STScI/AURA)

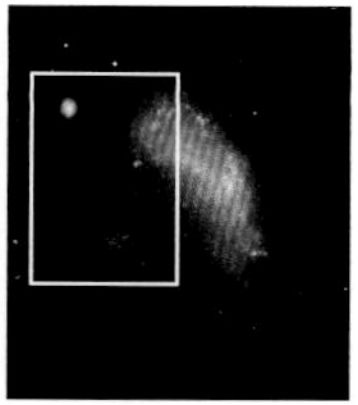

NGC1427A 拡大

青色巨星・超巨星がたくさん誕生しています。銀河同士が重力の影響を及ぼし合うとスターバースト現象が起きますが、NGC1427Aの場合はそれ以外にも原因があるようです。ろ座銀河団には銀河間空間にも多量の星間物質があり、猛スピードで運動しているNGC1427A中のガスがその物質とぶつかり圧縮されます。NGC1427Aのスターバースト現象は、むしろこれが主因のようです。あと数十億年でNGC1427Aは消滅すると考えられています。最期のときを迎える前にII型超新星を大量に生みだし、次の世代のため星や生命体の原料を宇宙に供給してくれることでしょう。

The Lure of the Rings STScI-2004-15

AM0644-741

3億光年のはるか彼方、南天のかじき座にある美しいリング銀河です。リングの直径は15万光年もあります。渦巻銀河面に対して別の銀河（intruder）が突入し貫通すると、このようなリング銀河ができあがると考えられています。衝突によって星やガスが外側へ押しやられ、星間物質が圧縮されて高温の大質量星がたくさん誕生するのです。核がリングの中心から大きくずれているのは、intruder の突入位置が中心からかなり離れていたためと考えられています。多種多様な形状の銀河は、このような銀河同士の相互作用によって作られるのです。

NASA, ESA, Y. Izotov (Main Astronomical Observatory, Kyiv, UA) and T. Thuan (University of Virginia)

Hubble Uncovers a Baby Galaxy in a Grown-Up Universe **STScI-2004-35**

I Zwicky 18

宇宙誕生後数十億年の間に、矮小銀河が合体して銀河は成長しました。もし誕生したての矮小銀河が地球の近くにあれば、宇宙や銀河の進化について重要な知見を得られるはずです。
地球から5900万光年、おおぐま座にあるI Zwicky 18（写真左上）は、天文学者にその期待を抱かせました。地上からの観測では水素とヘリウムがほとんどで重元素はなく、HSTによるこの時点での観測でも、誕生後5億年しか経っていないと考えられていました。ところが2007年にACSを使って再度観測したところ、数十億歳の星が発見されてしまったのです。期待を裏切られたようでちょっと残念な気もしますね。写真は1.4万光年の範囲をとらえたものです。

NASA, ESA, J. Blakeslee (Johns Hopkins University), M. Postman (STScI) and P. Rosati, Chris Lidman and Ricardo Demarco (ESO)

The cluster RDCS1252.9-2927 **heic0313d**

RDCS1252

うみへび座にある銀河団で、写真中央奥にある橙色の集団がRDCS1252の中心部分です。周辺の橙色の銀河もその一部で、銀河団がすでに成熟した星で構成されていることがわかります。全体の質量は太陽の200兆倍以上もあり、現在知られている銀河団の中でも最大級のものです。
138億年前に起きたビッグバンから数十億年ですでに巨大な銀河団が形成されたことになり、これは宇宙誕生初期から銀河ができていたことを示しています。それにしても、これだけ巨大な銀河団を数十億年で作りあげるとは！ きっと宇宙の中でもとびきり高密度な領域だったのでしょう。赤方偏移は1.2で、この銀河団から発した光は100億光年以上の旅を経て地球に届きました。

NASA, ESA, and The Hubble Heritage Team (STScI/AURA)

Hubble Spies a Zoo of Galaxies **STScI-2005-20**

ろ座の深宇宙

ろ座の一角約3.5'（満月の1/9）四方をとらえたものです。ろ座方向は、天の川から遠く離れているため、天の川銀河内の星や星間物質の影響を受けにくく、遠方の銀河を観測するのに適しています。HSTが40時間もかけて撮影したこの写真には、多種多様な形状の銀河が写っています。
渦巻銀河でも、地球に対する角度が変わるだけで見かけの姿は大きく変化しています。さらに楕円銀河や棒渦巻銀河、不規則銀河あるいは相互作用により変形した銀河までもがこれに加わっています。色彩の多様性も含め「銀河の動物園」と呼ぶにふさわしい光景です。

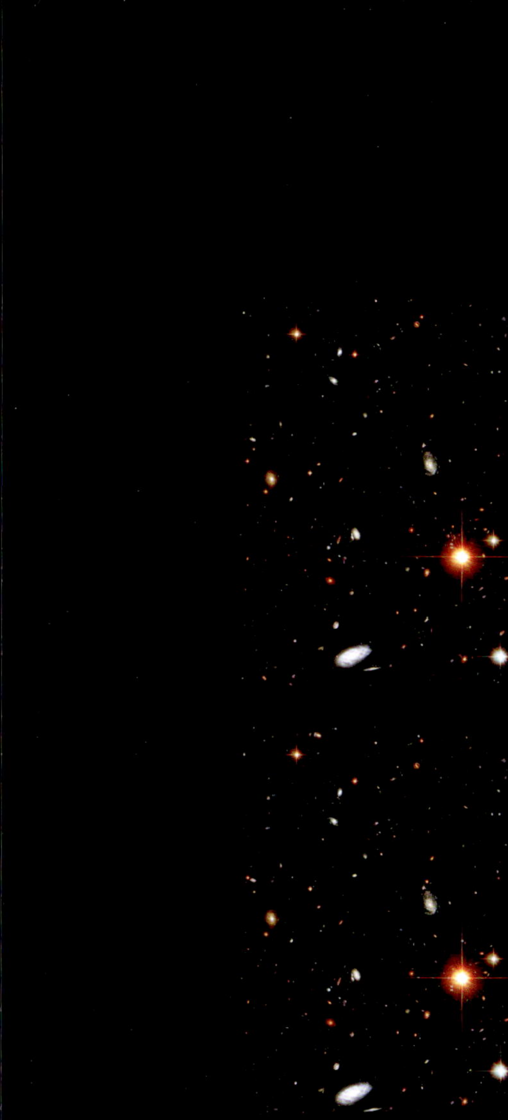

NASA, ESA, and The Hubble Heritage Team (STScI/AURA)

ろ座の深宇宙 拡大

ほぼ中央に橙色の楕円銀河があり、そのはるか遠方に青白い円弧状の形が見えます。これは手前の楕円銀河が重力レンズとして働き、はるか彼方にある銀河が変形して見えているのです。このような円弧をアインシュタインリングと呼び、それまでは莫大な重力のある銀河団の中でおもに発見されていました。この写真は、地球－楕円銀河－遠方銀河の三者が完璧に一直線上に並んでいたため、単独銀河だけでも重力レンズ効果を持ったという珍しいサンプルです。

天文学者にとって重力レンズは強力な望遠鏡と同じです。はるか彼方の銀河を明るく拡大して見せてくれるのです。シミュレーションすれば、誕生初期の宇宙の姿や、銀河周辺のダークマターまでもがきっとわかるのでしょう。

NASA, ESA, S. Beckwith (STScI) and the HUDF Team

Hubble's Deepest View Ever of the Universe Unveils Earliest Galaxies **STScI-2004-07**

Hubble Ultra Deep Field

ろ座の一角3'四方の範囲で、この中に1万個の銀河が写っています。遠方の若い銀河は不規則な形をしたものが多く、渦巻や楕円などの構造ができたのはずっとあとになってからのようです。まさに銀河の成長アルバムですね。
この写真には130億年前、ビッグバンから8億年後の銀河も記録されています。
2016年に人類は134億年前の銀河を見つけ、宇宙の歴史の97%をこの目で確認しました。残り3%をどのような方法で知るのでしょうか? 黒板の上に展開した数式? スーパーコンピュータが映しだすモニター画面? 加速器による実験?
・・・いや、きっと人類は自分の目で直接確認せずにはいられないことでしょう。
だって、宇宙は私達の**故郷**《ふるさと》なんですから。

語句解説

Words-and-Phrases description

光年(こうねん)

光が1年間で進む距離で、天体までの距離を表す単位として用いられる。光は1秒間に約30万km進むので、1光年は約9.5兆km。

等級(とうきゅう)

天体の明るさを表現したもので、数字が大きくなるほど暗くなる。5等級の違いで明るさは100倍異なり、1等級の違いは明るさにして2.51倍違うことになる。こと座のベガ(織姫星)は0.00等級。天文学的な考察を行うためには星の絶対的な明るさを示す尺度があると便利で、天文学では当該天体が32.6光年の距離にあると仮定した場合に想定される明るさを絶対等級としている。

メシエカタログ

フランスの天文学者シャルル・メシエ[1730－1817]らが作成した星雲、星団、銀河のカタログ。メシエカタログ(M)以外にも天体カタログはいくつかあり、ニュージェネラルカタログ(NGC)やインデックスカタログ(IC)が有名。

核融合反応(かくゆうごうはんのう)

軽元素の原子核が融合してそれより重元素になる反応。莫大なエネルギーが生みだされる。原子核を構成する中性子や陽子1個当たりの質量は原子番号により変化する。原子番号1の水素が最大で、原子番号の増加につれ徐々に低下し鉄近辺で最小となる。核融合すると、その質量欠損(Δ M)に見合うエネルギー(Δ MC^2:Cは光速)が放出され、これが星の生みだすエネルギーとなる。太陽程度の質量の星では炭素や酸素まで、太陽の10倍以上の大質量星では最終段階の鉄まで核融合反応が進む。

スペクトル

天体からの光(電磁波)をプリズムなどで分光し、各波長の強度を示したもの。最大強度を示す波長と表面温度との間に反比例の相関があるため、人間の目では高温の星ほど青く、低温になるほど赤く見える。
恒星では元素特有の吸収線が現れ、そのパターンから星のスペクトル型が決められている。このパターンは表面温度と密接な関係があり、星の色はスペクトル型を反映したものになる。
星の表面温度と絶対等級との相関を示したものがH-R図で、星の成長などを考察するための重要なツールとなる。

赤色巨星・超巨星(せきしょくきょせい・ちょうきょせい)

核融合反応が進みヘリウム核が成長すると、やがて星は膨らみ金星や地球の軌道ほどの大きさになる。同時に表面温度は低下し星の色は橙色に変化する。この状態が赤色巨星で、H-R図上では右上の赤色の部分にある。直径が太陽の数百倍以上、絶対光度が数千倍以上あるものは、特に赤色超巨星と呼ぶ。

青色巨星・超巨星(あおいろきょせい・ちょうきょせい)

非常に質量が大きく表面温度の高い星。激しくエネルギーを放出するため、寿命は非常に短い。H-R図上では左上の青色の部分にある星。

● H-R図

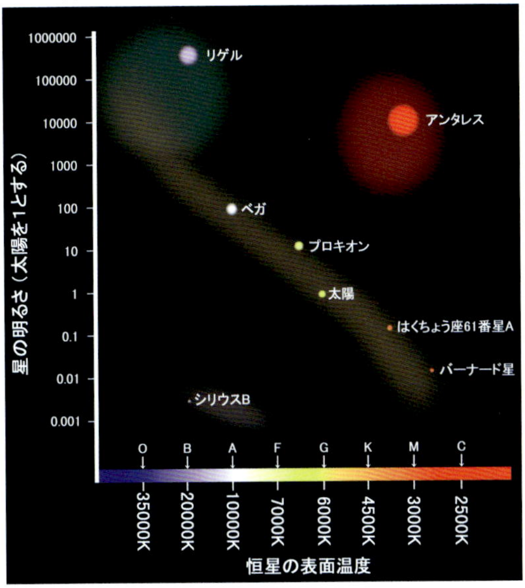

白色矮星（はくしょくわいせい）
核融合反応を終えようとしている星の燃えかすで中心部分が残ったもの。太陽の質量の半分程度の星ではヘリウム核が、太陽程度の星では炭素や酸素の核が残り白色矮星となる。H-R図上では左下の灰色の部分にあり、表面温度は非常に高いが時間と共に冷えていく。惑星状星雲の中心星は典型的な白色矮星。

太陽風（たいようふう）**恒星風**（こうせいふう）
太陽や恒星表面から放出される荷電粒子の流れ。時速数百万kmの速度に達し、大質量星では周辺のガスを吹き飛ばしたり変形させたりする。

蛍光（けいこう）
原子に紫外線等の電磁波を照射すると、原子中の電子がいったん高エネルギー状態になった後、すぐ安定した低エネルギー状態に戻る。このとき放出する可視光線が蛍光で、電子のエネルギー準位が不連続であることから、蛍光はその原子特有の波長となる。

連星（れんせい）
二つ以上の星が接近していて、重力の影響を及ぼし合い重心の周りを公転しているもの。特に両星の距離が星の半径の数倍程度以下の場合は近接連星と呼ぶ。

Ia型超新星（いちえいがたちょうしんせい）

白色矮星と赤色巨星の近接連星系において、赤色巨星から白色矮星へと物質が流れ込み、白色矮星上で核融合反応が暴走し大爆発する現象。絶対光度の最大値が判明していることから、これを利用することにより遠方の銀河の距離を測定できる。

Ia型超新星のメカニズム

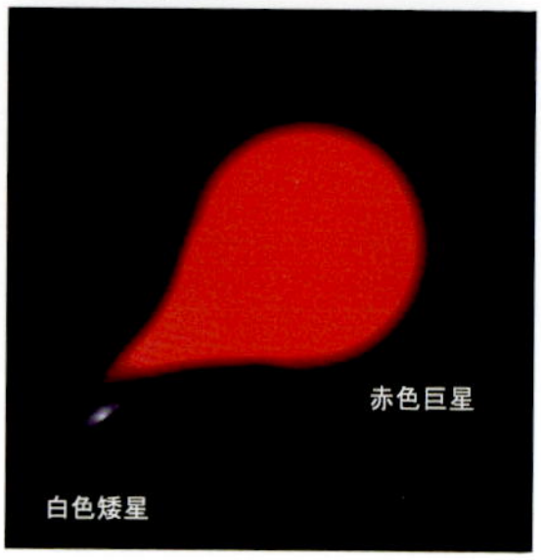

中性子星（ちゅうせいしせい）

中性子でできている超高密度の星。直径20kmほどの中に太陽以上の質量が詰め込まれている。太陽質量の10倍以上の星は鉄の核ができるまで核融合が進む。鉄はγ線を吸収し、中性子に変化し（光崩壊）一気に収縮する。空洞になった部分に物質が落ち込み中性子は圧縮され核になる。落ち込んだ物質は中性子核で跳ね返され、その衝撃波で星は大爆発を起こす（重力崩壊）。これがII型超新星で、残った核が中性子星となる。中性子星は高速自転し非常に強い磁場を持つ。これが原因で中性子星はX線などの電磁波を放射する。

ブラックホール

光までもが脱出できない重力場。ある範囲内の物質はすべて吸い込まれる。そのときに放射するX線などから間接的にその存在を確認できる。太陽質量の30倍以上の星の最期は中性子核すらもつぶされると考えられている。その時点でもはや重力に対抗する力はなく、星は永遠に収縮しブラックホールになると推定されている。

セファイド

周期的に星の大きさが変化する脈動変光星の一つ。絶対等級と変光周期との間に相関があるため、天の川銀河内だけでなく、近くにある銀河の距離を測定するものさしになる。

局所銀河群（きょくしょぎんがぐん）

天の川銀河の属する銀河群で、アンドロメダ大銀河の周辺数百万光年の範囲に分布する大小約40個の銀河の集団。

矮小銀河（わいしょうぎんが）

数十億個以下の恒星からなるごく小さく暗い銀河。宇宙に存在する銀河の大部分は矮小銀河と推定されている。

いて座矮小楕円銀河（いてざわいしょうだえんぎんが）

天の川銀河の伴銀河の一つ。天の川銀河中心から約5万光年のところにあり、極軌道を描いて運動している。天の川銀河による重力の影響を受け、すでに一部の星は引きちぎられていて、それらはいくつものリボン状になり天の川銀河を包んでいる。

ハッブル博士（はっぶるはかせ）

エドウィン・ハッブル［1889-1953］。アメリカの天文学者で銀河研究の第一人者。アンドロメダ大銀河などが天の川銀河の外、はるか遠方にある天体であることを観測により明確にした。また遠い銀河ほど大きい速度で遠ざかっている事実を発見し、膨張する宇宙モデル、ビッグバンモデルの礎を築いた。

ハッブル定数(はっぶるていすう)
ハッブル博士は、銀河の後退速度がその銀河の距離に比例すると考えた(ハッブルの法則)。その比例定数がハッブル定数。ビッグバンモデルにハッブルの法則を適用すれば、ハッブル定数の逆数が宇宙の年齢となる。

赤方偏移(せきほうへんい)
遠ざかる天体からの光が長波長にシフトすること。ドップラー効果とほぼ同じ。波長λ《ラムダ》である特定元素のスペクトル線(輝線または吸収線)が、遠ざかる天体でλ^1にシフトして観測された場合、赤方偏移zは、

$$z = (\lambda^1 - \lambda) / \lambda$$

で定量化される。

重力レンズ効果(じゅうりょくれんずこうか)
一般相対性理論では重力は時間と空間の曲がりとして解釈される。電磁波は空間の最短距離を進んでくるため、大きな重力の背後にある天体の光は重力によって曲げられ、手前の天体はあたかも宇宙空間にあるレンズと同じ効果を持つ。これを重力レンズ効果と呼ぶ。

ダークマター
宇宙に存在する質量のうち、人類が光学的に把握できないものの総称。天の川銀河が光学的に確認できる10倍の質量を持たないと、その回転を定量的に説明できないことから、ダークマターの存在が示唆された。かつては宇宙空間に漂うニュートリノや原子、惑星や中性子星、ブラックホールなども含まれると考えられていたが、現在では「原子や粒子ではないが物質のような重力作用を持つもの」とされる。

宇宙モデル(うちゅうもでる)
宇宙の形態や運動を議論するためのモデル。宇宙の密度がある一定値(臨界密度)より大きいと、膨張はやがて止まりその後重力により宇宙は収縮へと向かう(図中A)。

宇宙モデル

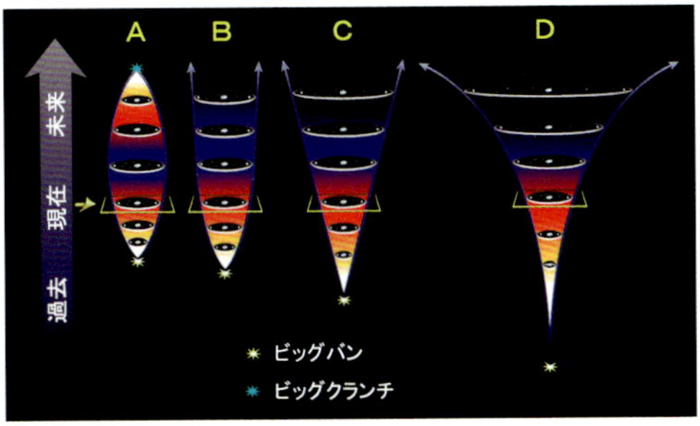

NASA, ESA and STScI の画像を加工

もし臨界密度であればやがて膨張は止まり、その後その大きさを維持する(図中B)。逆に、宇宙の密度が臨界密度より小さい場合、膨張は無限に続き、もしかなり小さいならば当分はハッブルの法則に従った膨張を続ける(図中C)。ところが最近、宇宙の膨張が加速している(図中D)という事実が、Ia型超新星の観測結果から明確になった。これは反重力的作用をする未知のエネルギー(ダークエネルギー)が宇宙に満ちあふれていることを示唆している。

大マゼラン雲(だいまぜらんうん)

天の川銀河の伴銀河の一つ。日本からは見えない南天のかじき座にある。本書に掲載した天体の位置を図に示した(数字は掲載ページ)。

大マゼラン雲

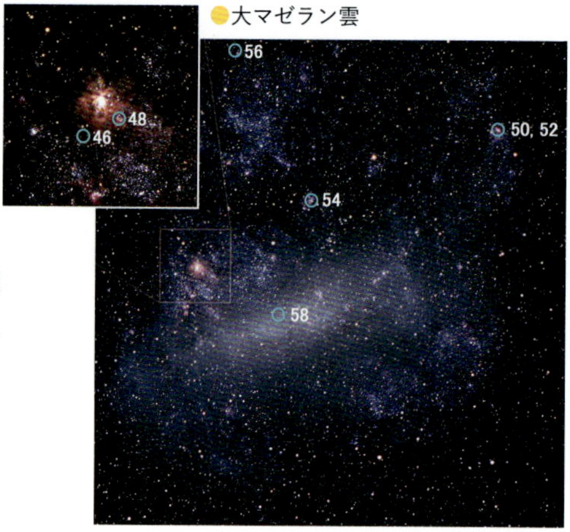

46：大マゼラン雲中の星
48：タランチュラ星雲中心部
50：N11A
52：N11
54：N44F
56：LMC-N63A
58：N132D

小マゼラン雲(しょうまぜらんうん)

天の川銀河の伴銀河の一つ。日本から見えない南天のきょしちょう座にある。62ページのNGC346は、○印のところにある。

小マゼラン雲

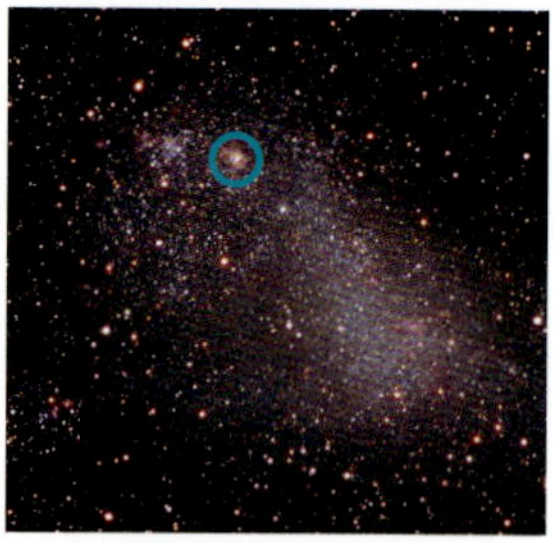

ACS(Advanced Camera for Surveys)

掃天観測用高性能カメラ。2002年3月にHSTに設置され、従来の広視野惑星カメラ2(WFPC2)の2倍の視野を持ち、同時に高感度になったため、撮影効率は10倍以上と飛躍的に向上した。

チャンドラX線天文衛星

(ちゃんどらえっくすせんてんもんえいせい)

NASAが高度13.9万kmの宇宙空間に打ち上げたX線観測専用の天文台。ブラックホール、超新星、ダークマターなどの解明を目的とする。

あとがき

Afterword

おそらく、HSTほど愛された望遠鏡はないでしょう。

「そりゃぁ～、公開される写真のクォリティーがハンパないからね」
「写真を自由に使えるってのもポイント高いと思うよ」

なるほど……。でも私は全く別の視点で見ています。

実は、HSTは劣等生だったのです。最初に送られてきた写真はピンボケ。原因を究明し対策案を提示したときでも、こんな意見が出たことは容易に想像できます。

「補正レンズを装着するより、オシャカにして新しい望遠鏡を打ち上げたらどうだい？ あえて危険なミッションする必要もないだろ？」

しかし、ハッブルチームとNASAはこの劣等生を見捨てませんでした。それどころか、修理後もバージョンアップを重ね、飛躍的な性能アップまでして優等生に育てたのです。まさに愛されていた証拠です。
でも、もう修理はできません。スペースシャトルはもう飛ばないのです。寿命が来たら大気に突入し燃え尽きる運命です。

HSTがその日を迎え大気圏で燃える姿を見た世界中の人々は、きっとこうつぶやくことでしょう。

「本当にありがとう！ でも、もう君がいないなんて・・・(;o;)」

2017年　冬

伊中《いなか》　明《あきら》

■著者

伊中　明（いなか あきら）
1957年横浜生まれ。天体アーティスト。1996年9月、画像処理による3D天体写真を初めて発表。創作・執筆活動と並行しながら、「星のホームページ」（http://www.asahi-net.or.jp/~aq6a-ink/）を運営している。最近BABYMETALにはまり、三姫の活躍に触発されて作詞作曲を手がけるようになった。それを初音ミクに歌わせYoutube、ニコニコ動画に公開している。
著書『立体写真館① 星がとびだす星座写真』『立体写真館② ハッブル宇宙望遠鏡で見る驚異の宇宙』（いずれも技術評論社）。

■参考資料

Hubble site	http://hubblesite.org/
the Hubble Heritage project	http://heritage.stsci.edu/
The European Homepage For The NASA/ESA Hubble Space Telescope	http://www.spacetelescope.org/
WMAP	http://map.gsfc.nasa.gov/
Chandra X-Ray Observatory	http://chandra.harvard.edu/
国立天文台	http://www.nao.ac.jp/
Jaxa（宇宙航空研究開発機構）	http://www.jaxa.jp/
宇宙情報センター	http://spaceinfo.jaxa.jp/
松原隆彦『宇宙論：オリジナルテキスト』	http://tmcosmos.org/cosmology/cosmology-web/
ウィキペディア（日本語版）	https://ja.wikipedia.org/wiki/

『Sky Catalogue 2000.0 Vol.2』（Alan Hirshfeld, Roger W.Sinnott 著　Sky Publishing, 2001）
『図説 新・天体カタログ　銀河系内編』（渡部潤一著　立風書房、1994）
『銀河の育ち方』（谷口義明著　地人書館、2002）
日本放送協会（NHK）　サイエンス Zero

［立体写真館③］
新装改訂版《しんそうかいていばん》
ハッブル宇宙望遠鏡《うちゅうぼうえんきょう》でたどる
果《は》てしない宇宙《うちゅう》の旅《たび》

2006年 7月25日　初　版　第1刷　発行
2017年12月14日　新装改訂版　第1刷　発行

著　者　伊中　明
発行者　片岡　巌
発行所　株式会社技術評論社
新宿区市谷左内町21-13
電話　03-3513-6166　書籍編集部
03-3513-6150　販売促進部
印刷／製本　大日本印刷株式会社

定価はカバーに表示してあります。

ISBN978-4-7741-9374-8 C3044

本書のご感想をお待ちしております。お手紙やFax、ホームページの「各種お問い合わせ」より書名をお書き添えの上、お寄せください。

〒162-0846
東京都新宿区市谷左内町21-13
(株)技術評論社
『ハッブル宇宙望遠鏡でたどる
果てしない宇宙の旅』感想係
Fax.03-3513-6183
ホームページ　gihyo.jp/book

装丁　◆ APRIL FOOL Inc.
本文デザイン･DTP ◆高瀬美恵子（技術評論社）

cover photo ◆ ア リ 星 雲　NASA, ESA and The Hubble Heritage Team (STScI/AURA)／NGC346　NASA, ESA and A. Nota (STScI)／電 波 銀 河　NASA, ESA, and the Hubble Heritage (STScI/AURA)-ESA/Hubble Collaboration／M54　ESA/Hubble & NASA／網 状 星 雲　NASA, ESA, and the Hubble Heritage (STScI/AURA)-ESA/Hubble Collaboration